カラー版　東京凸凹地形散歩●目次

第3章 山の手・西北編

第4章　武蔵野・郊外編

平凡社新書
842

カラー版

東京凸凹（でこぼこ）地形散歩

今尾恵介
IMAO KEISUKE

HEIBONSHA

はじめに

東京の地形は起伏に富んでいる。最近になってその起伏――凸凹を楽しむ人が急増しているようだ。メディアでもよく取り上げられる「東京スリバチ学会」をはじめ、地形そのものをしみじみと味わう人の輪が、東京だけでなく全国的に広まっている状況を見ていると、これは決して一過性のものではなさそうだ。この地形愛好家たちにかかれば、ともすれば「迷惑な存在」であったかもしれない坂道や崖地も積極的に味わえてしまう。その視点でよく観察していけば、昔からそれらの地形と微妙に折り合ってきたご先祖が築いたさまざまな用水や築堤、切り通しや盛り土などの痕跡も、探せばいくらでも出てきそうである。

私もしばしば出演する「地図ナイト」という催しには、そのような地形に深い関心のある――時に驚くほど知識の豊富な――人たちが多く集まるが、都内各所の地形を取り上げるパネラーが「この切り通し」とか「あのスリバチ」を写真で紹介するたびにドヨメキが起こるのは日常茶飯事だ。もっともこれらの場所は、一般の人が見れば単なる道路の段差や駐車場の脇の土手、取り残された森の一角などに過ぎず、よもや観光地などにはなり得ない場所なのだが、そんな場所を目指して新幹線で駆けつける物好きも少なくない。そんなわけで千年、万年単位で形成されてきた地形の歴史に思いを馳せ、現地の段丘崖でニンマリ笑っていても、今なら少なくとも変人とは思われなくなった（いや、立派な不審者かもしれないが）。実に結構なことである。

東京区部の地形の成り立ち

さて、東京23区の地形は主に台地と低地で成り立っており、台地が西で低地が東なので、冬の気圧配置と同じく「西高東低」だ。なぜ台地と低地ができたのか説明するためには、地球の海面変動の話から始めなければならない。

話はあまり簡単ではない、いや簡単に説明する知識と才能が私に欠如しているためだが、地球はこれまで氷期（氷河期）と間氷期（温暖期）を八万～一〇万年の間隔で繰り返してきた。景気の波が一〇年単位なんていう話からすれば気が遠くなるような話であるが、寒冷化が進むと主に南極・北極を中心として氷が増えるため海面が下がり、逆に温暖化が進めば氷が溶けて海面が上がる。その海面の高低差は最大で一〇〇メートル以上にも及ぶため、地形にとっては大きなインパクトなのである。

東京の場合は直近の氷期——といっても約二万年前の「最終氷期」だが、その時には海面が現在より一二〇～一三〇メートルほども低かったという。東京湾はもはや海ではなく、「古東京谷」と呼ばれる谷間を、利根川や荒川、多摩川などすべて合流した大河が流れていたらしい。

反対に現在より温暖だった縄文時代（およそ六千年前）には海面が現在より二～三メートル高く、気温も一～二度高かった。隅田川以東の海抜ゼロメートル地帯はもちろん、荒川や江戸川流域などの低地沿いでは、埼玉県の川越や春日部を含む、かなり上流側にまで「東京湾」が入り込んでいた。これら当時の海岸線沿いには多数の貝塚（当時の住民の貝殻捨て場）が発見されており、その海岸線が裏付けられている。

東京の台地――下末吉面と武蔵野面

東京の台地は下末吉面(しもすえよしめん)と武蔵野面(むさしのめん)とに大きく分けられる。このうち下末吉面は、縄文海進(かいしん)のひとつ前の間氷期である下末吉海進期にあたる約一二万五千年前まで海底であったエリアだ。この時期は古東京湾と称し、関東平野のかなりの部分が海面下で、房総(ぼうそう)半島は島であったと考えられている。ちなみに下末吉とは横浜市鶴見(つるみ)区の町名で、その台地の面がその特徴をよく示していることから命名された。

やがて徐々(じょじょ)に寒冷化が進み、海面が低下していくと、荒川や多摩川などの川が勢いを得て、陸化したかつての浅海の底を侵食していく。もっとも寒冷化は数千年から万年単位で「行きつ戻りつ」するのが基本で、一気に寒くなる「亜(あ)氷期」を迎えたと思えば、やがて温暖化が進んで「亜間氷期」になる、という寒暖の変化を繰り返しながら、全体の傾向を見れば寒冷化が着実に進んでいった。

「行きつ戻りつ」なので、海面が下降すると川が急流になるので大幅に侵食が進み、海面が上昇すれば侵食は一休みして今度は堆積が進む。大幅に侵食が進めば川が削り込んだ谷のエッジは崖となり、温暖化すればその崖下エリアに土砂が溜まって平坦地ができる。それが繰り返されると川沿いにテラス状の地形が生み出される。これが河岸段丘である。

寒冷化の局面において、もと浅海の底であった面はこのように徐々に侵食を受けていったのだが、水はもちろん低きに流れるため、侵食が進むにつれて川床は必然的に低下する。寒冷化トレンドの中にあって、やがて川がこれ以上侵食されない場所が発生する。これが「離水」である。侵食からの卒業といったところだろうか。こうして離水した面が、現在「下末吉面」と呼ばれている台地だ。

次々と離水する台地

23区内での下末吉面は、最大規模の淀橋台、次に荏原台、そしてミニサイズの田園調布台の三つが挙げられる。これらをデジタル標高地形図（二二頁参照）で概観すると、それぞれ地盤が高いので周囲より赤くてよく目立つ。淀橋台のエリアの西端は世田谷区の北西部に位置する桜上水あたり（標高約四八メートル）、荏原台の西端はやはり同区の西部、小田急線と環八通りが交差する南側の砧あたり（標高約五二メートル）であり、それぞれを西の頂点とする三角形を成している。その形状は西から東へ流れる古多摩川の侵食を免れた長い三角地帯といったイメージだ。

さて離水した下末吉面を尻目に、さらに古多摩川は侵食を続けていくが、寒冷化と温暖化のせめぎ合いの中で離水エリアは拡大していく。次に離水するのは武蔵野面である。約一〇万年前にはM1と呼ばれる豊島台と成増台が、約八万年前にはM2の目黒台・久が原台・本郷台が、約六万年前にはM3の中台が、それぞれ離水している。さらに寒冷化が進んだ約四万年前には立川面のTc1（国分寺の「ハケの道」の下、一九四頁参照）、約二万〜三万年前には立川面のTc2（立川市街など）、そして約一万五千年前にはTc3の青柳面が続いた。

立川面（Tc）の頃になると寒冷化はさらに進んで海面は現在より最大一三〇メートル低くなったため、侵食を担う多摩川の河川勾配は急になり、比較的勾配が緩い武蔵野面と立川面の高度差は東へ行くほど広がり、段丘は高くなっている。また海面がそれだけ低いと、立川面の東側のかなりの部分は縄文海進期の頃から堆積された最近の土砂によって埋められて地下に埋没している。松田磐余さんの『江戸・東京地形学散歩』（之潮）によれば、Tc1面が現在の東名高速道路の橋梁付近（二子玉川の西約三キロ）、Tc2面が登戸近く、Tc3面が中央道の国立府中インター付近からそれぞれ東側は地下に埋没しているという。

関東ローム層と中小河川

さて、関東地方は富士山や箱根山、浅間山、榛名山、赤城山、男体山など名だたる火山群に囲まれているため、大噴火があるたびに火山灰が降り注ぐ。これらの火山灰に加えて風によって舞い上げられた土の微粒子が積もったものが「関東ローム層」である。しかし河川の侵食が「現役」で行われている川の氾濫原では、積もってもすぐに流されてしまうので堆積しない。これに対して離水済みの台地上は積もった土壌が流れにくいため、離水から年季の入った下末吉面には特に分厚く積もっている。区部の下末吉面は海に近い港区の愛宕山でさえ標高が二五メートルを超え、かつての海面下にしては妙に高い印象であるが、これは関東ローム層の堆積だけでなく、地盤全体の隆起も関係している。

　東京の台地を流れる川といえば、今では石神井川、神田川、妙正寺川、渋谷川、目黒川、野川、仙川などが挙げられるが、それ以外の小さな支流は、多くが暗渠化または下水道化、もしくは埋め立てが進んだ。ここに挙げたレベルの川の流域地形を観察すると、その多くが比較的広く浅い谷で、その中をおおむね西から東へ流れている。

　これらは今でこそ両側をコンクリート擁壁で固められて直線的になっているが、かつてはいずれも水田の中を細かく蛇行していた。ただし谷そのものを見れば、その谷壁ははるかに大きな半径で蛇行しているものが目立ち、その落差は印象的である。蛇行の半径は流量におおむね比例して大きくなるので、これらの谷の蛇行半径はやはり相当に大きな流量の川が流れていた証左と考えられ、古多摩川が扇状地を形成しつつあった時代の旧河道が形成したようだ。このことから、これらの川には「名残川」という風雅な呼び名がついている。

東部に広がる低地

低地もいろいろある。たとえば山手線の東側には標高五メートル台からマイナス三メートルほどの低地が広がっているが、地盤は隅田川の西側までは全体として意外に堅固である。これも後に詳述するが、かつて隅田川近くまで迫っていた下末吉面や武蔵野面が、最終氷期から縄文海進期にかけて海岸となったため波に侵食されて崖となり、浅草にあった台地の東端はどんどん後退して今の上野の山のラインになったからだという。

それによって削られた土砂は、岸に沿って流れる「沿岸流」で運ばれていった。鶯谷駅付近から北東、南千住に至る区間は旧奥州街道（日光街道）のルートであるが、ここが周囲より少しだけ高くなっているのは、かつて沿岸流が北東へ土砂を運び、根岸砂洲（本来は砂嘴だろう）と呼ばれる高まりを海に突き出させたものの名残らしい。海に突き出したクチバシ――砂嘴・砂洲はその後は荒川（隅田川）の運んでくる土砂に埋められて一見わからなくなった。

しかしその砂洲の跡は微妙な高みをもって今に至っており、これに沿って古い街道が通っているのは、全国各地の低地の街道に共通するように、少しでも高いルートを選んだためだ。その理由は単純で、昔の低地が今のように整備された田んぼや市街地などではなく、芦の生い茂ったズブズブの湿地であったからだろう。そうでなくても雨が降ればすぐに冠水する場所に道は通せない。

海を埋め立てまたは干拓して水田を広げることが本格化するのは近世の初頭からで、歴史的に見ればつい最近のことである。江戸時代に入ると、その巨大都市の人口増加に伴って隅田川の東側に市街が拡張していくが、付近の輸送路として活躍したのが一直線に縦横に掘られた運河である。東西方向には小名木川や竪川、南北方向には横川や横十間川などが掘られ、これらは明治に入ってこのエリアに近代工業が発展するための重要なインフラとして活用された。

しかし発展が過ぎて、昭和初期から行われた地下水の過剰な汲み上げが、自然の供給量を上回ってしまい、広範に地盤沈下が進んでいく。特に昭和三〇～四〇年代の高度経済成長期には目立ち、北は足立区から南は海辺の江東区まで広範囲に地盤沈下が起きた。大正期から沈下が始まった現在の江東区南砂二丁目では、昭和四〇年代までに約四・五メートルも沈んでいる。大きく社会問題化した地盤沈下は、地下水の汲み上げ規制を実施してようやく止まって現在に至っている。

沈下の量は汲み上げの量に必ずしも比例するものではなく、沖積層（ちゅうせきそう）が分厚い地域ほど沈下量が大きいことが地表の標高に如実に表われている。堆積物に覆われて見分けがつかない現在でも、埋没している昔の「古東京谷」の河岸段丘がこれに影響を及ぼしていることを考えると、昔の地形を考える重要性がよくわかる。

そんなわけで広い東京の地形について話せばキリがないのだが、このように多様な顔を持った東京の地形を楽しんでいただくために、本書がいくらかでもお役に立ち、また地面を歩くためのヒントになれば幸いである。といっても私は地質学・地形学の専門家でもなく、あるいは見当違いのことを書いた部分があるかもしれない。そんな箇所をもし発見されたら遠慮なくご教示いただければ幸いである。

平成二九年二月

今尾恵介

地形用語集

【大地】

関東ローム層……関東平野の台地や丘陵を覆う、火山灰や軽石などが風化した土壌の層。関東南部では富士や箱根、北部では浅間、赤城、榛名(はるな)などの火山灰が堆積した。火山灰に含まれる金属成分が酸化したため赤褐色を呈する。

沖積層(ちゆうせきそう)……約二万年前(最終氷期最盛期)から現在までに堆積した最も新しい地層。軟弱な地盤であり、平野部の低地や湿地に多く見られる。

段丘(だんきゆう)……海岸や河川に沿って見られる階段状の地形。土地の隆起・沈降、断層運動、海面の上昇・下降などによる侵食・堆積によって形成される。川沿いに形成される河岸段丘(かがんだんきゆう)と、海沿いの海成段丘とに区別される。

谷……山や丘に挟まれた細長い溝状の低地。河川の侵食による侵食谷と、断層活動などによる構造谷に区別される。

尾根……谷と谷に挟まれた山地の一番高い部分の連なり。稜線。
谷戸……台地や丘陵を、河川や湧水などが侵食してできた細長く入り組んだ谷あいの低地。水が容易に得られるため、古くから稲作などに用いられた。
崖線……一定の距離にわたって線状に続いている崖。
海食崖……海岸沿いにある崖で、波の侵食によってできる。
波食台……波が海岸を侵食して後退、平らに削られた岩盤の面。これが隆起（または海面が低下）すると海成段丘となる。
砂洲（砂州）……沿岸流によって海中に土や砂が堆積したところ。一般に細長い形状。
自然堤防……河川の両側にできる堤防状の微高地。河川の氾濫などによって運ばれた土砂が河岸一帯に堆積してできる。
武蔵野台地……関東平野の南部、荒川と多摩川に挟まれた地域に広がる台地。もとは青梅を扇頂とする古多摩川の広大な扇状地で、最終間氷期（約一二・五万年前）に起きた海進（下末吉海進）によって、内陸まで海が入り込み、海底に砂や泥を堆積した地層が形成された。その後も隆起・沈降、海面変動に伴う多摩川の侵食・堆積が繰り返されて現在に至る。表面には関東ローム層が堆積。

下末吉面（しもすえよしめん）……氷期に伴う海岸線の後退で陸地化した地層が、川によって削られ段丘化した地面を「面」という。武蔵野台地は、形成年代の古い順に下末吉面、武蔵野面、立川面の三段丘に分かれており、下末吉面は最初に離水（一一頁参照）した面。

淀橋台（よどばしだい）……武蔵野台地を形成する台地の一つ。目黒川と神田川に挟まれた「山の手」にある台地。上位層である下末吉面にあり、地盤は比較的安定している。23区内には同じ下末吉面に「荏原台」「田園調布台」がある。

【河川】

玉川上水……上水とは、おもに飲料水にするために引いた用水のこと。玉川上水は江戸の六上水の一つ。全長約四三キロ。多摩川の水を現在の羽村で取水し、四谷の大木戸まで流れる。承応三年（一六五四）に江戸市中への通水が開始された。

三田用水……江戸六用水の一つで、別名白金上水。玉川上水から笹塚付近で分水し、三田方面に流れていた。昭和四九年（一九七四）に廃止。当初は上水用として寛文四年（一六六四）に開削。一部が渋谷区・目黒区の境界となっている。

分水界……異なる水系間の境界線。隣接する河川の流域間の境界線であり、このうち分水界になっている山稜を特に分水嶺という。

放水路……洪水を防ぐため、他の河川、もしくは海、湖などへ放流するために人工的に開削された水路。

暗渠（あんきょ）……覆いをしたり管路を埋没させて地下化された河川または水路。

築堤（ちくてい）……堤防を築くこと。また、その堤防。

擁壁（ようへき）……切土や盛土で斜面の土が崩れるのを防ぐために設けられた壁状の構造物。道路や平坦化した造成地に多く見られる。

【気候】

氷期……気候が長期にわたって寒冷化することにより、氷河が陸上を覆い、海面の水位が低下（海退）する時期。

間氷期……氷期と氷期の間の時期のこと。比較的温暖で、氷河が溶けるので、海面の水位は上昇する（海進）。

縄文海進……縄文時代に発生した海水面の上昇。約六五〇〇年前の最盛期には、今より二～三メートル海面が上昇したため、氷期に陸地化していた東京湾が復活した。

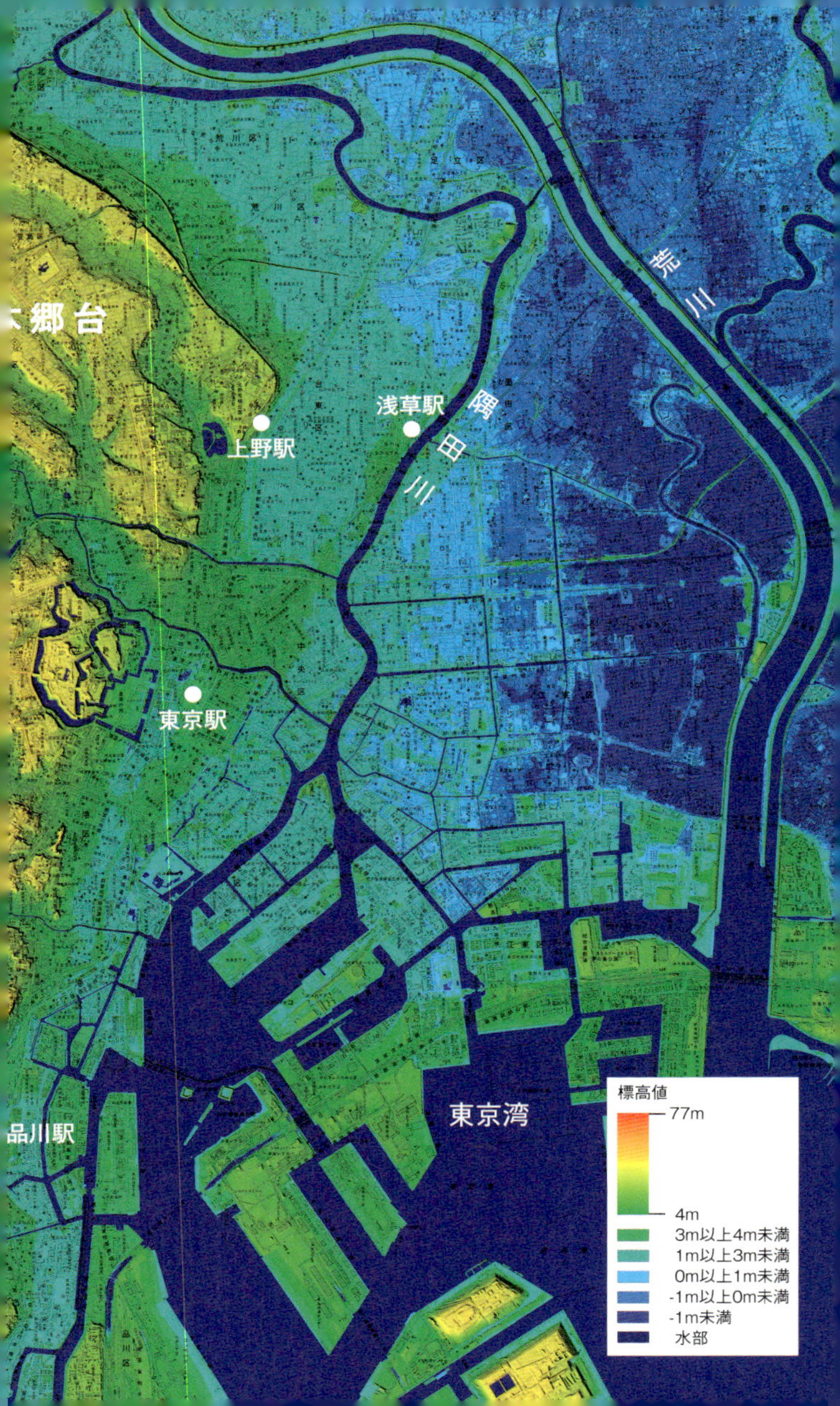

本郷台
上野駅
浅草駅
隅田川
荒川
東京駅
品川駅
東京湾
標高値
77m
4m
3m以上4m未満
1m以上3m未満
0m以上1m未満
-1m以上0m未満
-1m未満
水部

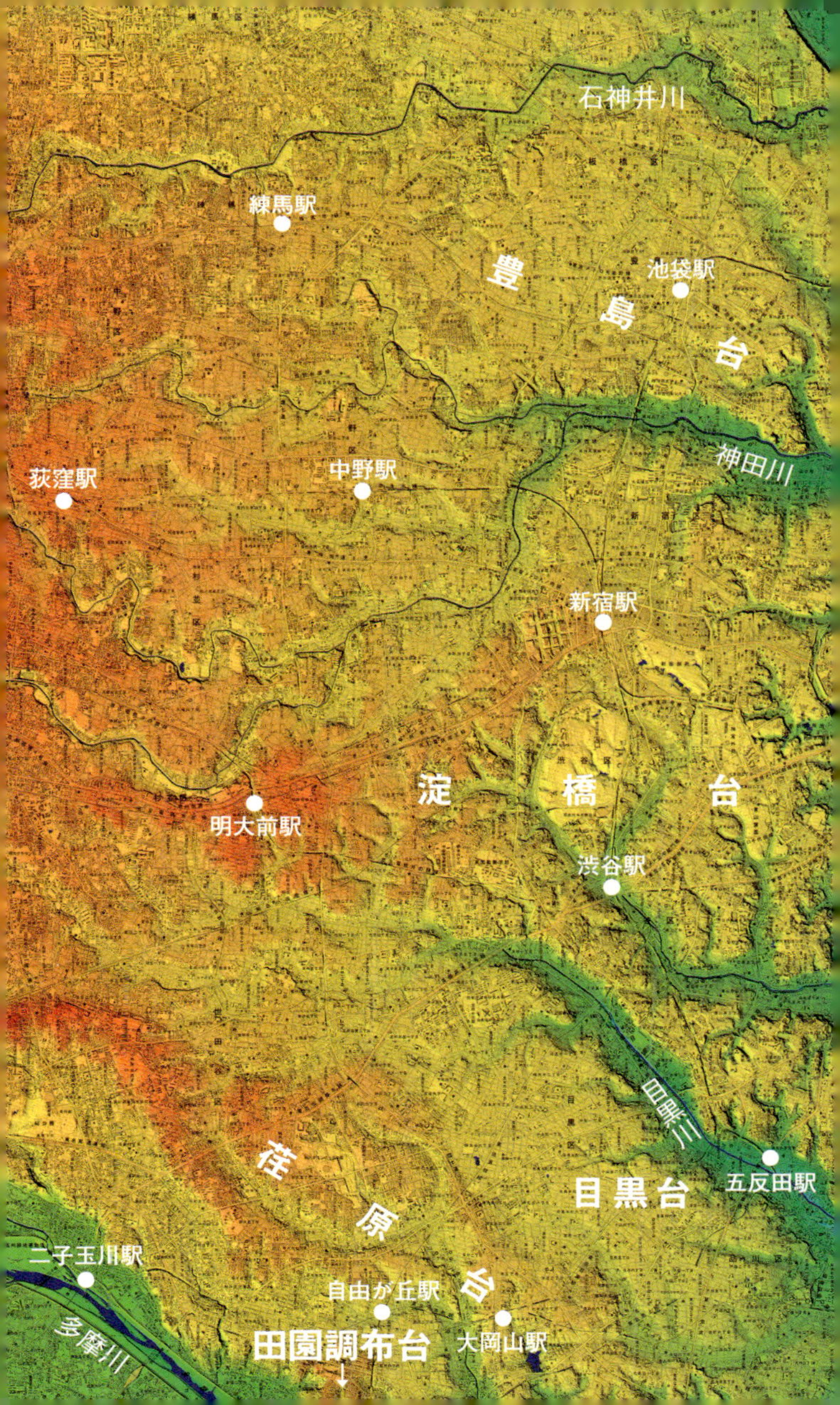

石神井川
練馬駅
豊
島
台
池袋駅
神田川
荻窪駅
中野駅
新宿駅
淀
橋
台
明大前駅
渋谷駅
目黒川
五反田駅
目黒台
荏
原
台
二子玉川駅
自由が丘駅
大岡山駅
田園調布台
多摩川

第1章

都心・山の手編

雑司が谷・音羽

地形 VIEW point

❶護国寺
五代将軍徳川綱吉が、母桂昌院の願いにより創建。海抜30メートルの高台にあり、その名の通り、東京を見守っているかのよう。門前町を貫く音羽通りを一望できる。

❷富士見坂
都内にいくつもある富士見坂の一つだが、春日通りと交差する坂上の交差点は海抜28.1メートル。文京区内の幹線道路の中では有数の高さがある。

❸椿山荘
景勝地「椿山（つばきやま）」を、明治の元勲、山縣有朋（やまがたありとも）が購入、地元・萩の地形を再現した庭園を造ったのに始まる。段差を均（なら）すことなく、あえて生かした点が特徴。

❹鳩山会館
音羽通りから、大きなカーブを描く坂を上った先に建つ洋館。２階のテラスから、青々した芝生が広がる庭園を見下ろせるが、周囲は鬱蒼と茂った森に囲まれ、閉ざされている。

❺小日向台
音羽通りから、西が目白台、南が関口台、そして東の高台が小日向台だ。小日向（こひなた）台にも「鼠坂（ねずみざか）」「切支丹坂（きりしたんざか）」などユニークな名前の坂が残る。

……の記号は、かつて地表を川が流れていたところ（旧川道）を指す。現在は暗渠もしくは廃川となっている。（以下同）

池袋駅
JR山手線
東京メトロ丸ノ内線
新大塚駅
東京メトロ副都心線
首都高速
都電荒川線
東京メトロ有楽町線
都電雑司ヶ谷
雑司ヶ谷霊園
1 護国寺
富士見坂
2
護国寺駅
鬼子母神前
雑司が谷駅
弦巻川
音羽川
学習院下
日本女子大学
鳩山会館
4
面影橋
3 椿山荘
早稲田
神田川
江戸川
東京メトロ東西線
早稲田大学
早稲田駅
都営地下鉄大江戸線

雑司が谷・音羽——音羽川と弦巻川を遡る

護国寺の山門は谷筋

「犬公方」として知られる江戸幕府の第五代将軍・徳川綱吉。護国寺はその生母・桂昌院の願いによって天和元年（一六八一）に創建された祈願寺である。その南側にまっすぐ続く谷に沿って門前町の音羽が開かれた。その地名は桂昌院の奥女中である音羽にこの門前町が与えられたことに由来する。

江戸時代には「門前町の常」で岡場所として大いに賑わったといい、やはり世の常で何度も風紀取り締まりが行われている。享保の改革では大岡越前守こと忠相が享保八年（一七二三）にそれら売春宿の取り壊しを命じたが、延享年間（一七四四〜四八）には復活するなど、庶民の歓楽街はしたたかに生き延びていった。

この谷は、護国寺の山門に近い地盤がおおむね標高一四メートル台（山門前の道路は一七・五メートル）で、そこから神田川に向かって緩やかに下がり、江戸川橋の北詰（きたづめ）では約七メートルとなっているから、坂道の勾配としては非常に緩やかである。音羽は護国寺の門前町であるから、当然ながら山門に近い方から一丁目、二丁目と進み、江戸川橋のすぐ手前が九丁目であった。その南端は目白通りの分岐点である目白坂下交差点のさらに南側、「江戸川公園前」の信号あたりである。

ところが昭和三七年（一九六二）に施行された住居表示法による表示を同四二年に実施した際、東京都の規定によって丁目の進み方を「皇居中心」に改められ、南側から一丁目、二丁目と変えさせられている。今から考えるとわざわざ逆順にして丁目あたりの面積を広くしたという、何とも愚かな改変ではあったが、他の地域で狭い領域の町名がことごとく失われたことを思えば、音羽という地名が残っただけでもこの時代にあっては幸運だったかもしれない。

音羽川と弦巻川を遡れば……

谷には川が二本並行して流れ、通りの東側が音羽川、西側が弦巻川（つるまきがわ）と称した。もちろん自然状態では狭い谷を二本の川が並行して流れることはないから、谷のまん中を緩く蛇行していた川を、おそらく農業利水の見地から二本に分けたのではないだろうか。天保四年（一八三三）には信州伊那の久保田増平が製紙技術を持ち込み、それ以来これらの川水を利用した和紙の製造が盛んになった。明治二三年（一八九〇）の紙漉業者は七九軒にものぼっているが、その後は洋紙の普及や市街化が進んだことにより徐々に衰退していったという。

この谷を今も東側から見下ろしているのが、明治以来ずっと政治家を「家業」としてきた鳩山氏の御殿――鳩山会館である。当地は現在では音羽一丁目の範囲内だが、住居表示以前は小日向台町であった。谷の西側はかつて関口台町と称していたが、今の町名は東西いずれも統廃合されて台が外れている。地形的には淀橋台に比べると凹凸が単純な豊島台のエリアだが、音羽の谷は支谷がいくつも入り込んで少々複雑になっている。

護国寺門前で東西に分かれた谷はいずれも谷頭（谷のどん詰まり）がはっきりしない浅い谷で、東の音羽川を遡れば春日通りの西側に沿った細長い窪地となって北上、徐々に西へ向きを変えてサンシャインシティ――かつての巣鴨プリズン（旧巣鴨監獄）の南側から池袋駅東口に至る。現在の明治通りに沿って鬼子母神(きしぼじん)方面へ細道が通じていたが、駅の東側の集落は蟹ヶ窪(かにがくぼ)と称した。カニは崩壊地名によく付けられる地名で、ちょうどここが音羽川の谷頭の位置にあたる。

音羽の谷の西側を流れる弦巻川を遡れば、護国寺門前から西へ向きを変えて日本女子大や旧田中角栄宅のある目白台の北側から北西に向きを変えて鬼子母神の北側にかつてあった池（現在の東京音楽大学の南側）に至る。そこからさらに西北西に遡って通称びっくりガードの南側で山手線をくぐり、ホテルメトロポリタンの表玄関の目の前にある元池袋史跡公園のあたりがぼんやりとした谷頭で池があったのだという。明治期の地形図にはここに池は描かれていないが、鬼子母神のあたりからここまで谷沿いに細長く水田が続いていた。その谷頭の北側、畑のまん中に東京府豊島師範学校と附属小学校ができた。戦後は、焼け残った附属校舎が東京学芸大学附属豊島小学校と名を変え、小金井へ移転後、その跡地が現在では東京芸術劇場になっている。

東の山を越えれば茗荷谷

音羽の東に位置する小日向台のさらに東には茗荷谷（みょうがだに）の狭い谷が入っており、その谷を地下鉄丸ノ内線が地上に出て走っている。茗荷谷という地名は、かつてこの谷間にミョウガ畑があったことに由来する地名という（谷の南側は第六天町（だいろくてんまち））。茗荷谷町は現在その大半が小日向一丁目となっているが、丸ノ内線の駅名に採用されたことで通称地名としての茗荷谷は知名度が高い。駅の西側の台地は学校が多く、最大の面積を占めるのは国立お茶の水女子大学とその附属小中高である。前身の東京女子高等師範学

地下鉄丸ノ内線の茗荷谷駅は駅が「谷」の部分に架かっている。そのため、谷底を電車が走っている形となり、駅の上に位置する橋から、ホームと車体を見ることができる

護国寺門前からまっすぐ伸びる音羽の街並み。その東西に並行して流れる音羽川（東）、弦巻川（西）が波線で描かれている。東側の高台上にある陸軍病馬厩分厩は現在お茶の水女子大学など。1:20,000迅速測図「下谷区」明治30年修正

校が昭和七年（一九三二）に御茶ノ水からここに移転して来るまでは、東京陸軍兵器支廠の弾薬庫などとして使われていた。それ以前は上の図に見えるように陸軍病馬厩分厩であった。

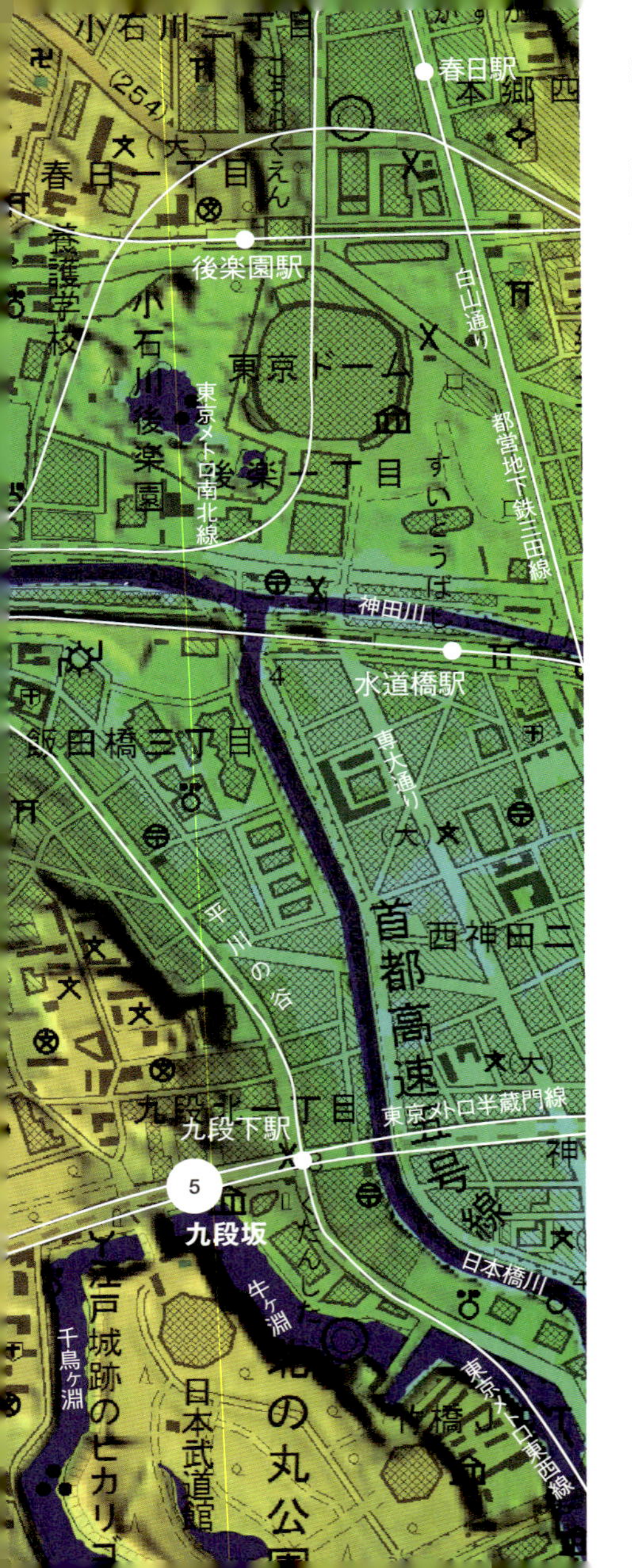

神楽坂・飯田橋

地形 VIEW point

❶飯田橋交差点
五差路の交差点は外堀通り、目白通り、大久保通りの３つの通りが交わる。また交差点の前で合流する、神田川と外濠を境に新宿区、千代田区、文京区の３つの区が接する。

❷赤城神社
台地の突き出した部分に位置する神社。本殿の後ろは崖になっており、下の家々を見渡せば、ここが〝台地の端〟であることが実感できる。崖の北側は神田川の沖積地である。

❸神楽坂
昔、この付近で神楽の音が聞こえたことに由来するなど諸説あり。早稲田通り沿いを中心とする町並みはレストランや商店も多くにぎやか。坂の両側に坂が何本も並ぶ起伏に富んだ町。

❹牛込見附の石垣
毘沙門天から坂を下るとぶつかるのが外堀通り、そして今も水をたたえる外濠だ。神楽坂と飯田橋の境界線でもあり、飯田橋駅西口（牛込口）付近には外濠の石垣の一部が残る。

❺九段坂
葛飾北斎の浮世絵「くだんうしがふち」にも描かれた九段坂。その坂上は、古くから月の名所として名高かった。千鳥ヶ淵に隣接し、武道館や靖国神社にも近い。飯田橋寄りはかつて飯田町と呼ばれたことから、九段坂も古くは飯田坂とも呼ばれていた。

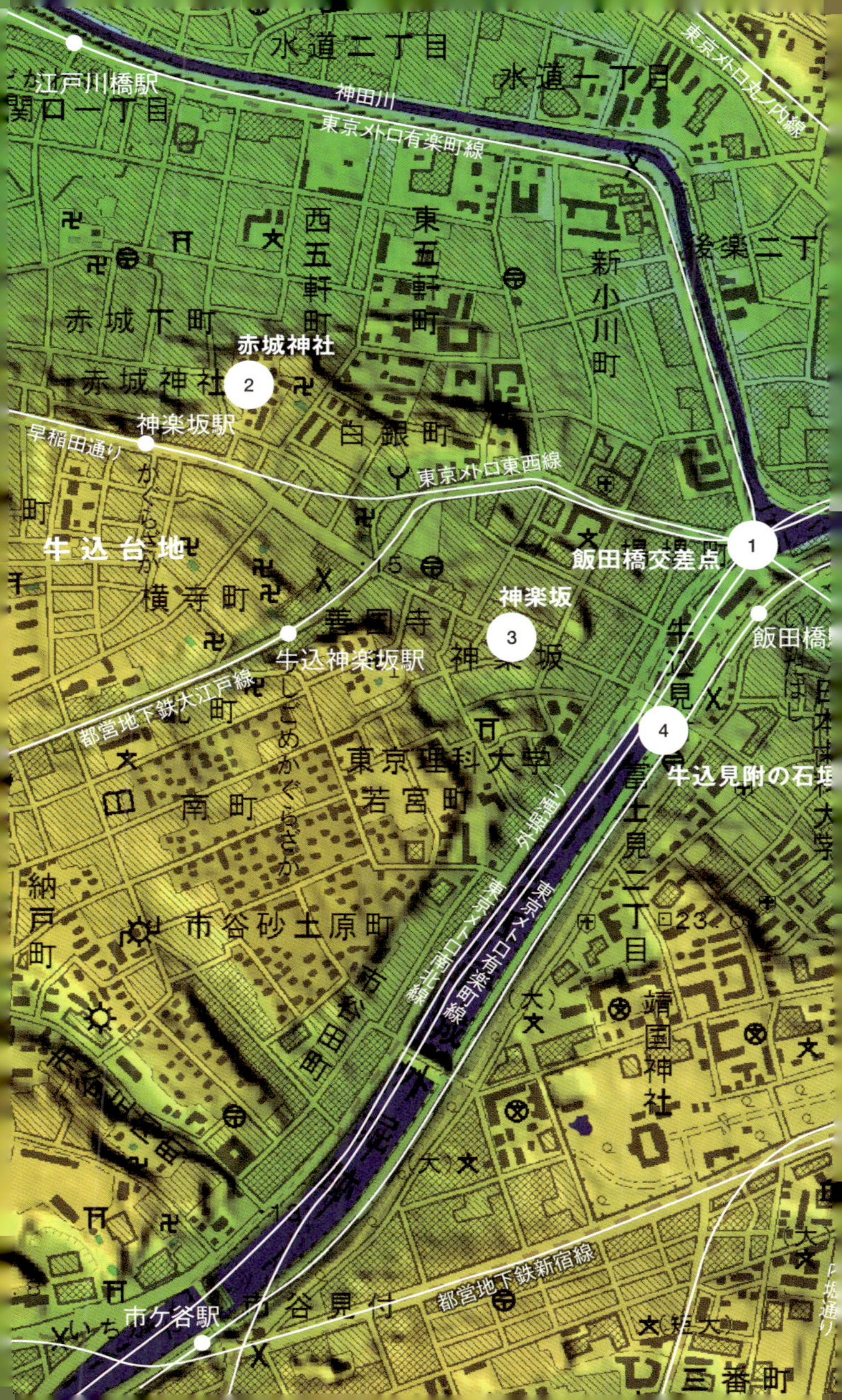

赤城神社
牛込台地
神楽坂
飯田橋交差点
牛込見附の石垣
神楽坂駅
牛込神楽坂駅
飯田橋
江戸川橋駅
市ケ谷駅
早稲田通り
外堀通り
神田川
東京メトロ有楽町線
東京メトロ東西線
東京メトロ南北線
都営地下鉄大江戸線
都営地下鉄新宿線
東京メトロ丸ノ内線
東京理科大学

飯田橋交差点は外堀通りと目白通りが交差し、それに大久保通りが加わった五差路である。かつて都電が走っていた頃もこれらすべての上に線路が通っていたのでやはり五差路を成し、さまざまな方向への系統が錯綜していた。

昭和四〇年（一九六五）の系統で具体的にたどってみると、高田馬場駅から早稲田、江戸川橋を経由して大曲方面からここへ合流、九段下を経て茅場町までの15系統（現在の東京メトロ東西線の前身的存在）、新宿駅から大久保通りを経てここに至り、外濠沿いに秋葉原までたどってから南下、水天宮までの13系統（大江戸線の一部に該当）、品川駅から虎ノ門、赤坂見附を経由、四谷見附からは外濠に沿ってこの飯田橋を終点とする3系統という三つの系統がここに乗り入れていた。

この五差路の交差点のすぐ目の前で合流するのが神田川と外濠で、この川を境界として新宿・千代田・文京の三区が接している。昭和二二年（一九四七）まではそれぞれ牛込・麹町・小石川の三区であった。神田川は関口あたりからここまでの間をかつては江戸川と呼んでおり、椿山荘の南に位置する江戸川公園や江戸川橋などにその名を留めている。ちなみに関口の地名は神田上水の取水堰が設けられたことにちなむとされるが、一方で奥州街道の関所に由来するとの説もある。

新宿区の東部を占める旧牛込区は台地が中心で、そこに浅く東西に延びる窪地を刻んでいるのが大江戸線——大久保通りの谷である。大久保通りを西へたどれば市谷柳町交差点だが、ここは南北の谷と東西の谷の交差する谷底のような地形で、東・西・南へ向かう道がいずれも上り坂なので、かつては交差点付近に排ガスが滞留して大気汚染が深刻だった。交差点で信号待ちをしていた自動車が発車する際に一斉にエンジンを起動するからであるが、このため停止線を一〇〇メートル以上も手前に変更することになった。

赤城神社は牛込台地の岬に建つ

牛込台地の北東に岬のように突出した地形上に鎮座するのが赤城神社で、その岬の北側にあたる神田川の沖積地の谷に、江戸時代以前には大きな白鳥池が広がっていたという。神社は切り立った崖の上にあって、もちろん擁壁で固められてはいるが、標高二五メートルの赤城神社の崖下の土地は七〜九メートル台と、その標高差は一五メートル以上に及んでいる。江戸の町ができる以前の神社からの俯瞰アングルは、さぞかし絶景だったのではないだろうか。

　牛込台地の東端から西へ上っていく神楽坂は飯田橋駅西口（牛込口）に近い外濠際の標高九メートルから最大二四メートルに至る坂道で、これに沿って商店や飲食店が並ぶにぎやかな通りになった。神楽坂の地名の由来にはいくつかの説があり、早稲田大学近くに位置する穴八幡の御旅所（御輿が休憩または宿泊するところ）がここに設けられ、神楽が奏されたことにちなむというのが有力らしい。

飯田町は印刷業の町

　飯田橋は今でこそ千代田区の正式な町名になっているが、もとは外濠に架かる橋の名前で、橋から九段下に向かう現在の目白通り沿いの家並みは飯田町と称した。

昭和八年（一九三三）までは中央線の長距離列車のターミナルの駅名でもあり、ここから甲府、松本方面への長距離列車が発着していた。

その役割を新宿駅に譲った後は貨物駅としての歴史が長い。特に昭和四七年（一九七二）に紙流通センターの流通倉庫ができてからは、全国各地の製紙工場からの紙が貨物列車で大量に運び込まれ、東京の「地場産業」たる印刷業を支える大役を果たしていたのである。しかしトラック化の波は製紙業界にも例外なく押し寄せ、また印刷会社の郊外移転も影響して平成九年（一九九七）には貨物列車がなくなり、同一一年に駅も廃止となった。そもそも江戸川沿いには水を使う印刷業の特性から印刷業者が多く集まった歴史があり、現在も大手の凸版印刷をはじめ付近には印刷会社が目立つ。飯田町駅の最後の荷物が紙であったのも、この川があってこその脈絡であろう。

現在の飯田橋駅は昭和三年（一九二八）に飯田町駅（電車の旅客駅）と牛込駅が統合、ほぼ中間地点付近に新設されたものだ。そのためプラットホームは半径約三〇〇メートルのカーブの途中に位置しており、「電車とホームの間が広く開いています」のアナウンスが終日繰り返されるようになった。それでも数十センチも開いた現状は危険なので、JR東日本では現在、新宿寄りにホームを移設させる計画を進めている。かつての牛込駅はその新宿寄りの早稲田通り南側にあった。現在の飯田橋駅の新宿寄りの出口が「牛込口」と呼ばれ、またそこまでに至るアプローチが長いスロープになっているのが駅の名残であったが、工事に入った今は面影が失われつつある。

今はなき飯田町という町名は、徳川家康がここを視察に訪れた際、住民のひとり飯田喜兵衛(いいだきへえ)が案内役となったことにちなむという。江戸期の飯田町は現在の九段北一丁目の北部、ホテルグランドパレスの南側一帯であり、現在の飯田橋までの間は武家地だったため町名はなかった。明治以降にそこが飯田町の一部となり、明治一四年(一八八一)に架けられた飯田橋は、拡張された新町域に面していることにより命名されたものであり、発祥当時の飯田町とはまったく別の場所である。

かつての飯田町の西側は地形的に見ると番町(ばんちょう)の台地の東端にあたり、崖上から崖下にかけてはかつて武家屋敷が並んでいた。明治以降は安田財閥などの豪邸や偕(かい)

行社（陸軍将校の親睦組織）の洋館に取って代わられ、戦後はフィリピン大使館公邸や学校などと、主は二転三転した。九段坂を下りれば神田川が日比谷入江に注いでいた頃の旧河道である平川の広い谷が広がっている。

九段坂といえば今でこそ靖国通りの緩やかな坂道だが、江戸時代は「御府内きっての急坂」と称される難所で、大八車などを後ろから有料で押す人が待機していたそうだ。この場所に東京湾を航行する漁船のための常燈明台（灯台）が明治四年（一八七一）に置かれたのも、急坂の上の見晴らしの良い場所だったからである。この「灯台」は現在も田安門の脇、九段坂公園に建っている。

路面電車（都電の前身のひとつ「東京市街鉄道」）がここに最初に開通した際は、路面に線路を敷くと急坂が上れないので、わざわざ南側に専用軌道を敷き、田安門のところはトンネルで抜けていた。電車が路面を走るようになったのは昭和五年（一九三〇）四月、関東大震災の復興事業に伴って大正通（現靖国通り）が開通、勾配が緩和されて以降のことである。

四谷・市谷

❶鮫河橋、若葉、須賀町

この一帯は淀橋台に切れ込む急峻な地形を体感できる場所。鮫河橋（さめがはし）は、かつての桜川に架かっていた橋のあった低地。若葉は、それに連なり低地から高台に分布。須賀町（すがちょう）は坂を上った高台で須賀神社がある。

❷荒木町

江戸時代は美濃国高須（たかす）藩松平摂津守（せっつのかみ）の屋敷地だった一帯。崖下にはかつては大名庭園の一部だった「策（むち）の池」が残っている。界隈は、明治から昭和にかけては花街で、今もその雰囲気の片鱗が。

❸曙橋

昭和32年、谷の道である靖国通りを跨ぐ、外苑東通りの架道橋として架けられた立体交差。橋の下の靖国通り沿いには、都営新宿線曙橋駅がある。靖国通り沿いの低地には、かつて紅葉川が流れていた。

❹市谷亀岡八幡宮

江戸城西方の守護として、太田道灌が文明11（1479）年、鎌倉・鶴岡八幡宮を勧請。遷座500年以上の古社。参道の階段はかなりの急傾斜である。

❺市谷の谷

JR市ケ谷駅前の外濠北西側には、市谷田町（いちがやたまち）、市谷砂土原町（いちがやさどはらちょう）、市谷長延寺町（いちがやちょうえんじまち）など、個性的な町名の小さな町が並んでいる。そのいずれにも、靖国通りから坂道を上ってアクセスすることになる。

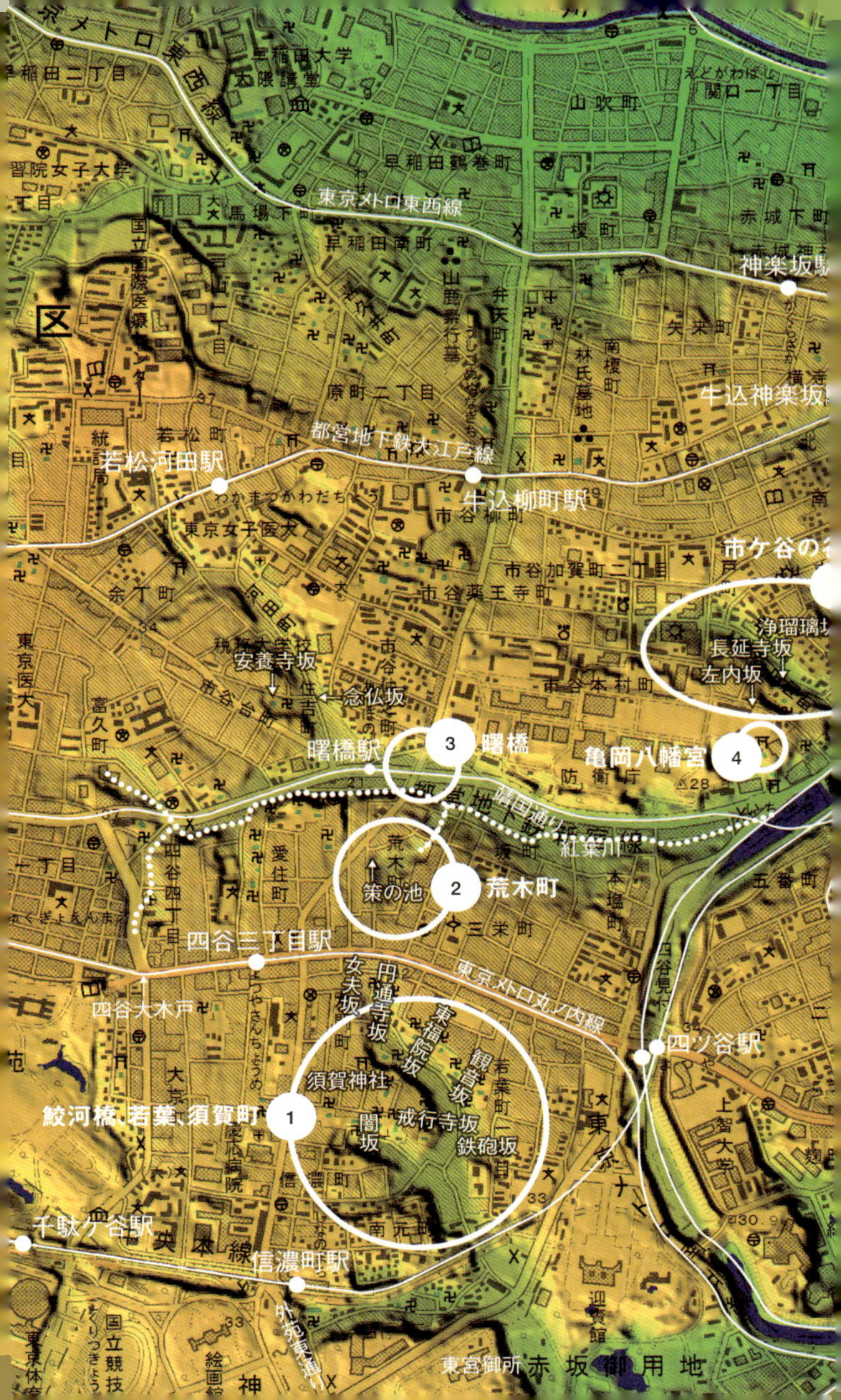

東京メトロ東西線
早稲田大学
大隈講堂
山吹町
関口一丁目
早稲田鶴巻町
馬場下町
早稲田南町
榎町
赤城下町
神楽坂駅
山鹿素行墓
弁天町
南榎町
林氏墓地
矢来町
原町二丁目
牛込神楽坂
若松町
都営地下鉄大江戸線
若松河田駅
牛込柳町駅
東京女子医大
市谷柳町
市谷加賀町二丁目
市谷薬王寺町
余丁町
市ケ谷の
浄瑠璃坂
長延寺坂
左内坂
安養寺坂
一念仏坂
市谷本村町
東京医大
富久町
曙橋駅
3
曙橋
亀岡八幡宮
4
防衛庁
靖国通り
紅葉川
荒木町
策の池
2
荒木町
愛住町
四谷四丁目
本塩町
三栄町
五番町
四谷三丁目駅
東京メトロ丸ノ内線
四谷大木戸
女夫坂
円通寺坂
東福院坂
観音坂
四ツ谷駅
須賀神社
若葉町
鮫河橋、若葉、須賀町
1
闇坂
戒行寺坂
鉄砲坂
上智大学
南元町
千駄ケ谷駅
信濃町駅
外苑東通り
迎賓館
東宮御所
赤坂御用地

四谷・市谷——玉川上水の終着点は「スリバチ」の聖地

四谷（四ッ谷）という地名の由来はいくつか説があるが、まずは文字通り「四つの谷がある」から、または梅屋、木屋、茶屋、布屋という四軒の茶屋があって四ッ屋と称し、後に四ッ谷に転じた、などとも伝えられている。真偽のほどは今となっては不明であるが、台地の各所に谷が刻まれているし、また街道筋で茶屋もありそうなので、どちらとも決めがたい。

いずれにせよ、四ッ谷は江戸期以来のこのあたり一帯を指す汎称地名であった。範囲は東が四谷御門（四谷見附）、西は内藤新宿との境界、南は千駄ヶ谷村と鮫河橋、北は市ヶ谷、大久保村に接したエリアで、それが明治一一年（一八七八）に東京府一五区に分割された際におおむねその範囲が四谷区となっている（大正九年に内藤新宿町を編入）。昭和二二年（一九四七）に四谷区は隣接する牛込区、淀橋区と合体して新宿区となって消滅したが、現在では区内の町名として四谷（一丁目～四丁目）、それに中央本線・東京メトロの四ッ谷駅として用いられている。

甲州街道・新宿通りは「江戸の背骨」

さて、武蔵野台地の「尾根」を、なるべく江戸まで標高を下げずに延々四三キロも水を運んで来た玉川上水。その終点だけあって、四谷大木戸（おおきど）あたりの標高は約三三メートルと、一帯ではかなり高い。江戸期にはここから市中の各方面へ石や木製の水道管によって配水されていた。

その「江戸の背骨」である淀橋台の尾根を通っているのが甲州街道（こうしゅうかいどう）・新宿通りで、皇居（江戸城）の西端に位置する半蔵門（はんぞうもん）から数えて延々十三丁目（現四谷二丁目）まで続いていたのが麹町（こうじまち）である。現在の麹町は千代田区内の六丁目までで完結しているが、かつては外濠（そとぼり）に位置する四ッ谷駅より西側にもそれが続いていたのである。四谷区（現新宿区）内で昭和一八年（一九四三）から四谷一丁目・二丁目になったエリアがそれまでの麹町十一丁目〜十三丁目であった。甲州街道沿いに細長く続いていることから、「麹」は当て字で、国府路（こうじ）町——つまり武蔵国府（むさしこくふ）のある府中（ふちゅう）に通じる道から転じたという説もある。

四谷は都内有数の窪地スポット

淀橋台の尾根にあたる麹町の通りなので、南北へ向かう道は必ず下り坂になり、そのうち北側は「都内で最も窪地らしい窪地」と評価の高い荒木町（スリバチ愛好家にとっての聖地！）へ続く。ここには小さな策の池があり、松平摂津守の屋敷であった頃はここが庭園の一部で池も今より大きく、滝も注いでいたという。典型的な崖下の湧水である。摂津守にちなんで上を略した「津之守坂」は、荒木町の東側を北北東へ下っていく。

尾根から南への坂道を下れば若葉という町名になるが、昭和一八年（一九四三）までは谷町と称した（台地の部分は南伊賀町などの一部）。その名の通り明瞭な谷間

荒木町の「策の池」に至る急階段。ここは、四方が谷に囲まれた都内有数の窪地

「策の池」のほとりには「津の守弁財天」。かつては、湧き水が滝になって流れ落ち、それをせき止めて池にしていた

で、昔から庶民の町であるが、この流域に沿って中央線の線路の南側へ下れば東宮御所（とうぐうごしょ）のある赤坂御用地に至る。皇室の住まいが人民の住宅地の下流部に位置する例は珍しいかもしれない。

「谷町」の名が消えていく

尾根道を行く甲州街道の北側を並行するのは靖国通りであるが、こちらは谷沿いの通りなので、外苑東（がいえんひがし）通りとの交差地点に架けられた曙橋（あけぼのばし）は川ではなく、靖国通りを跨（また）ぐ陸橋である。この谷を東へ流れていたのが今はなき紅葉（もみじ）川で、その支流沿いに市谷谷町（いちがやたにまち）があった。しかし谷を一つしか書かずに「市谷町」と誤記されやすいことに加え、イメージアップのため戦後の昭和二七年（一九五二）に住吉町と改名したという。それでも谷へ降りる念仏坂（坂という名の階段）や安養寺坂などの名は今も健在だ。

その後も谷町という名は谷間の日当たりが悪いイメージからか全国的に少しずつ姿を消し、四谷、市谷、麻布の三つの江戸の「谷町」もことごとく失われてしまったのは残念である。中でも麻布谷町（港区）などは、谷そのものが半ば埋められ、アークヒルズという「丘」になってしまった。エリアは現在の首都高速谷町ジャンクションからテレビ朝日にかけての区域。

旧市谷谷町の東側には陸上自衛隊市ヶ谷駐屯地のある市谷本村町の台地がある。市谷（市ヶ谷）という地名は、かつてその名の具体的な谷があったという説、市の立った地なので市買が転じたという説もあるというが不詳。本村の名は江戸開府以前に七人の浪人が開拓して本村と称したと伝えられる。

この台地の東端に面して建つ市谷亀岡八幡宮は、太田道灌が鎌倉の鶴岡八幡宮を番町（現千代田区）に勧請し、その後この地に移したものだ。ツルとカメの関係

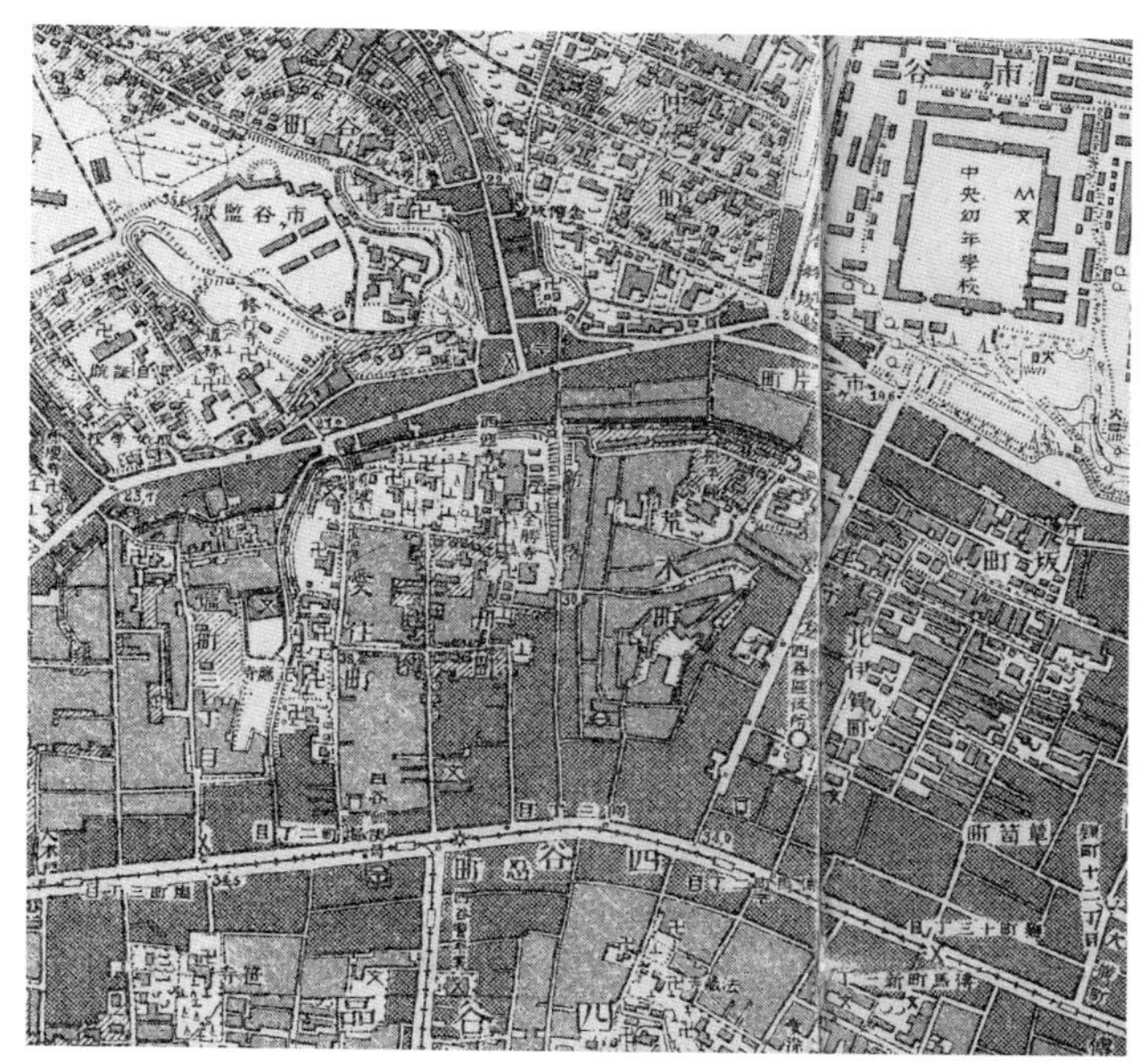

スリバチの聖地・荒木町が折り目の中央左側に見える。スリバチの斜面に「松平邸」が建つ。左上の市ヶ谷監獄の北側には谷町。1:10,000地形図「四谷」明治42年測図

である。社は急な石段の上に聳（そび）えており、外濠に沿う靖国通りが標高一四メートルであるのに対して社殿は二九メートルと高い。さらに東の外濠沿いをたどれば、市谷田町（たまち）一丁目から西へ入る大日本印刷の工場群のある長延寺坂が、谷沿いに文字通り長く延びている。

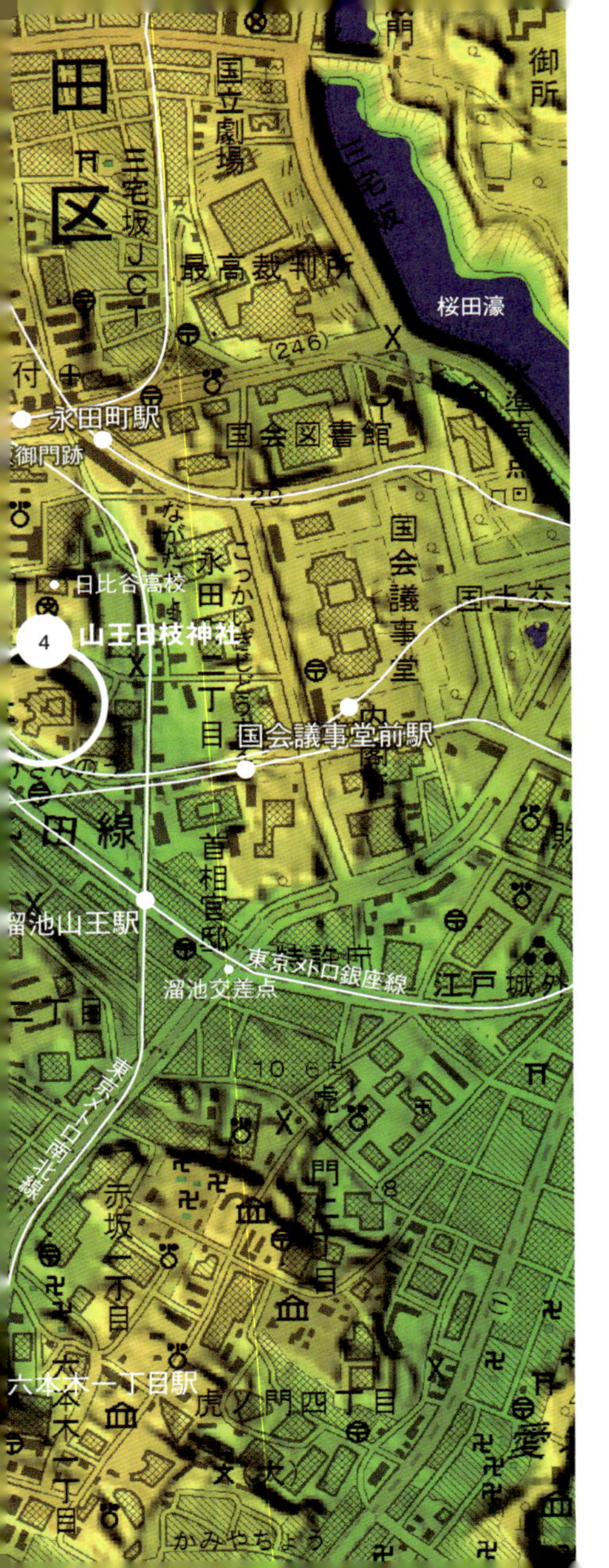

赤坂・永田町

地形 VIEW point

❶坂道密集地

徳川家康の江戸入府により町づくりが進んだ赤坂。台地には毛利家や浅野家など高位の大名が、低い土地には使用人や職人が住み、高低差のある土地をつなぐための坂が数多く作られた。

❷赤坂サカス

TBSを中心に、ライブハウスや劇場を備える複合施設、赤坂サカス。江戸時代は松平安芸守（まつだいらあきのかみ）の屋敷があり、明治時代には、近衛第三聯隊が置かれていた。

❸大山道（おおやまみち）の起点

相模平野にそびえ立つ大山は霊山として、古くから篤く信仰されてきた。参詣者が通った大山道の起点は赤坂御門。赤坂から渋谷へと向かう現在の青山通りとほぼ同じルートで尾根を通る高台の道だ。

❹山王日枝神社（さんのうひえじんじゃ）

文明10（1478）年、太田道灌（おおたどうかん）が江戸城築城にあたり、川越山王社を勧請した。永田町の丘にある国会議事堂と対峙する台地上にある。

上智大学
麹町四丁目
紀尾井町
東京メトロ南北線
東京メトロ丸ノ内線
JR中央線
南元町
大山道の起点
3
弁慶堀
迎賓館
赤坂御用地
港区
坂道密集地
1
豊川稲荷
弾正坂
牛鳴坂
東京メトロ半蔵門線
赤坂見附駅
赤坂四丁目
丹後坂
東京メトロ銀座線
薬研坂
コロンビア通り
円通寺通り
青山通り（旧大山道）
青山一丁目駅
赤坂サカス
2
赤坂駅
赤坂五丁目
赤坂八丁目
都営地下鉄大江戸線
赤坂六丁目
旧乃木邸
東京メトロ千代田線
南青山一丁目
乃木坂駅
谷町JCT
六本木四丁目
六本木駅
六本木三丁目
六本木七丁目

赤坂・永田町——一二万年前の海底は陰影の濃い凸凹へ

赤坂の地名の由来は諸説あって、どれが正解とは決めがたい。その説のひとつに迎賓館のある台地が茜の草が植わっていたところから赤根山と称し、そこへ通じる坂——現在の紀伊国坂（紀之国坂）だろうか、これを赤根坂と呼び、それが赤坂に転じたとするものがある。

しかし有力な説としては「諸国の赤坂もみな赤土なので、江戸のもそうだろう」とするもので、こちらの方が自然でわかりやすい。もちろん赤土は東京ならどこでも見られるが、赤坂地区は崖地が多いので赤茶色の関東ローム層がむき出しになった崖が目立ち、赤い坂道が印象づけられたのではないだろうか。

赤坂や永田町の台地一帯は約一二万年前には海底だったところで、年を経て海面が低下するのと同時に、地盤は隆起して台地に転じ（下末吉面）、その間にローム層が分厚く積み重なった。その台地は、長い年月の間に小さな流れが細かく谷を刻んで陰影の濃い地形となったため、赤土が見えるかどうかはともかく、台地と谷を結ぶいくつもの坂道が誕生している。

　赤坂見附から南西へ向かう東京メトロ銀座線は、かつての大山道（青山通り）が通る台地の「尾根」の下を走るもので、そこから南へは、形状から名付けられた薬研坂などの坂道が下っていく。尾根をゆく銀座線と対照的なのが、山王下交差点から西へ入る谷道を行く千代田線で、この地形の谷頭は乃木坂駅の付近にある。

　乃木坂は現在の赤坂八丁目と九丁目の境にあたる坂道で、かつては行合坂、幽霊坂、膝折坂などとさまざまな呼び名があった。ところが、この坂に面した邸宅に住んだかつての陸軍大将・乃木希典が大正元年（一九一二）九月に明治天皇に殉じた後、国民の「英雄視」はとどまるところを知らず、たちまちこの坂道も乃木坂と改称された。東京市電の停留場も赤坂新坂町から乃木坂に改称されている。希典をしのんで乃木神社ができたのは少し時間が経った大正一二年（一九二三）のことだ。

　銀座線の通る尾根と、千代田線の通る谷の間に並行した小さな谷は太刀洗川の谷で、現在はこの谷に二本の通り——コロンビア通りと円通寺通り（円通寺坂）が並行している。もちろんいずれも流水は絶えて久しい。その南側に位置する台地にはＴＢＳの放送センターがあるが、こちらもやはり下末吉面が削り込まれた岬状の地形の上面にあたる。標高は二九メートル台で、千代田線が下を通る赤坂通りの一〇〜一二メートルとの標高差は大きいので境界は崖となっている。

この台地は江戸期には広島藩の松平安芸守（浅野家）の上屋敷として使われていたが、明治二六年（一八九三）からは近衛歩兵聯隊（最後は第三聯隊）が置かれていた。ここから北側の低地を経て青山通りまでの間にかけて、昭和四一年（一九六六）までは一ツ木町と称したが、この地名は戦国時代から文献に見える由緒あるもので、江戸時代には一ツ木村であった。古代の奥州街道で行われた人馬継立（宿場の仕事）にちなむ「人継ぎ」に由来するという説もあったが惜しくも消滅、現在は赤坂四丁目・五丁目の一部となっている。今では赤坂Ｂｉｚタワーから北上して青山通りに至る一ツ木通りにその名を留める程度だ。

外濠の一部だった赤坂の溜池

江戸初期にその台地の東側に広がっていた水面が上水用の溜池（ためいけ）で、慶長一一年（一六〇六）頃に虎ノ門（とらのもん）付近にダムを設けて赤坂見附方面から流れて来る細流を堰（せ）き止めた「人造湖」であり、外濠（そとぼり）の一部を成していた。神田上水や玉川上水が整備されるまでは実際に上水用として使われていたが、その後は埋め立てられるなどして面積が徐々に狭まり、明治初年の地図には細い流れと湿地が描かれているのみである。

溜池に続く水田を埋め立てたのがその名も田町（たまち）で、町域には溜池の埋立地も一部含まれていた。町屋に徐々に転じたのは江戸初期の正保年間（一六四四～四八）で、外堀通りの一本裏手の現在の「エスプラナード赤坂通り」の両側に、赤坂見附交差点から溜池交差点の裏手まで細長く田町一丁目～七丁目が延々と続いていた。

ついでながら田町という町名は東京市内にかつて四か所も存在した。この赤坂の他は台東区と文京区、それに港区にあって、最後の田町は山手線の駅名に残っているので知名度は高いものの現在は三田三丁目と芝五丁目の一部に変わっている。その他については浅草の田町（台東区）が浅草六丁目の一部、本郷の田町（文京区）

が本郷四〜五丁目などと、いずれも町名としては住居表示の実施を機に消滅した。

さて、赤坂田町の一部と溜池を埋めた土地を併せて明治二一年（一八八八）に誕生したのが溜池町である。町名はこれも同じく昭和四一年に住居表示の実施で赤坂二丁目の一部となって消えたが、溜池交差点の知名度はその後も高く、町名消滅から三一年も経った平成九年（一九九七）には「溜池山王（ためいけさんのう）」を名乗る駅も銀座線に新設された（現在は南北線との連絡駅）。

永田町の台地は月見の名所

溜池の東側に赤坂の台地と対峙するのが永田町の台地だ。もとは山王日枝（さんのうひえ）神社の門前に三軒あった永田姓の屋敷が由来とも言われる。神社は周囲を切り立った崖に囲まれた独立丘であるが、すぐ西側を通る外堀通りの標高が八メートルであるのに対して、この丘の最高地点は二八・八メートルと際立って高い。狭いながらも赤坂の台地と同じ下末吉面で、これだけの高台だけあって、夜に星を眺める名所「星ケ岡（ほしがおか）」として知られ、大正時代の地形図にも記されている。風光明媚な場所であるとして星ヶ岡茶寮が設けられ、要人たちの会合の場になった。その後は高級料亭に転じたが昭和二〇年（一九四五）の空襲で焼失している。

ちなみにこの丘の北隣に昭和四年（一九二九）に日比谷から移転してきたのが府立第一中学校、現在の都立日比谷高校である。校名にかつての所在地を付けたのは一橋大学やお茶の水女子大学と同様だ。同校の文化祭は今も「星陵祭」と称している。星ヶ岡とその東側、現在の国会議事堂あたりまでのエリアが現在の永田町であるが、大半が武家地であったため江戸期には町名がなく、明治二年（一八六九）に新たに名付けられたものだ。

国会議事堂は昭和一一年（一九三六）に帝国議会の議事堂として竣工したもので、大正はじめの地形図を見ると、このあたりに枢密院事務所などがあった。台地の上に位置するので議事堂の正門が標高二八メートルと高く、このため東京メトロ丸ノ内線の国会議事堂前駅はかなり高い位置にある。地盤の低い両隣の赤坂見附駅と霞ケ関駅からはいずれも三五パーミルという限度いっぱいの勾配で上ってくる。いずれにせよ地下区間なので、懸命によじ登っている様子はわからないが。

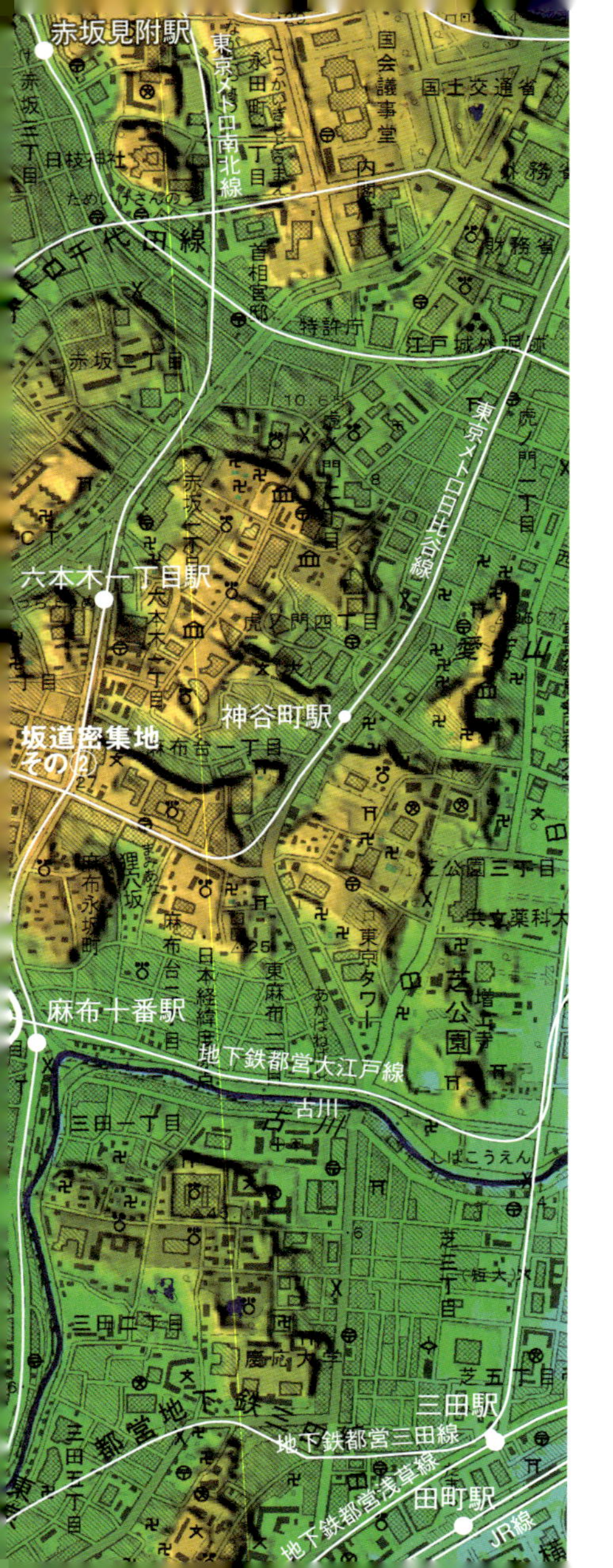

六本木・麻布

❶笄川（こうがいがわ）跡
標高が低くなっている緑色の部分を流れていた。青山霊園を挟んで反対側の外苑東通りあたりも笄川跡。やはり道筋（旧川跡）が緑色の低地になっている。

❷坂道密集地 その①
外苑西通りから六本木方面にかけては高台になっており、西麻布交差点付近には、富士見坂（大横町坂）などの何本もの坂道が並んでいる。坂上には麻布教会やルーマニア大使館ほか大使館が点在。

❸六本木ヒルズ
かつては北日ヶ窪町（きたひがくぼちょう）という窪地だったが、再開発により地形の改変、道路の付け替えなどが行われた。現在も、けやき坂は、毛利池のあるテレビ朝日の方向に向かって下りになっている。

❹坂道密集地 その②
六本木から麻布十番に向かうには、芋洗坂（いもあらいざか）や鳥居坂（とりいざか）など、いずれも急坂を下ってゆく。麻布十番商店街を歩くと、麻布台の住宅街の方に向かっては、暗闇坂（くらやみざか）、七面坂（しちめんざか）などがあり、谷状の町となっている。

港区
青山一丁目駅
東京メトロ半蔵門線
青山通り
東京メトロ銀座線
外苑前駅
外苑西通り
神宮外苑
神宮球場
北青山二丁目
南青山二丁目
青山霊園
乃木坂駅
表参道駅
南青山四丁目
東京メトロ千代田線
都営地下鉄大江戸線
六本木駅
南青山五丁目
西麻布一丁目
六本木ヒルズ
3
南青山六丁目
六本木通り
東京メトロ日比谷線
けやき坂
芋洗坂
鳥居坂
七面坂
暗闇坂
南青山七丁目
西麻布四丁目
富士見坂
(大横町坂)
紺屋坂
中坂
北条坂
宮村坂
狸坂
2
坂道密集地
その①
日赤医療センター
國學院大
有栖川宮記念公園
広尾駅
聖心女子大学
広尾二丁目
1
笄川
南麻布一丁目
南麻布四丁目
渋谷川
天王寺橋
恵比寿一丁目
恵比寿二丁目
白金三丁目

六本木・麻布――急勾配の坂道に囲まれる

六本木・麻布の台地面が所属する淀橋台は下末吉面にあたり、侵食された時間が長いので谷も枝分かれして複雑な地形になっている。このうち六本木交差点付近は四方から侵食してくる谷のどん詰まりの上の、まだ削られていない平らな下末吉面――約一二万年以上前までの海底地形が残っている（ローム層がその上に堆積）。

ただし「六本木ヒルズ」と名付けられた再開発地区は六本木交差点の南側にあたり、旧六本木町のエリアではなく、その大半を占めるのが麻布材木町と麻布北日ケ窪町だ。後者はその名の通りのクボの地形であるが、これらの地名は昨今では歓迎されないようで、久保や窪のつく23区エリアの地名のうち、今でも大久保や荻窪はさすがに残っているけれど、大塚窪町（文京区）、麻布南日ケ窪町（港区。北とペア）、芳窪町（目黒区）、芝西久保八幡町・芝西久保巴町・芝西久保明舟町など（港区）は消滅してしまった。

それはともかく、ヒルズのある北日ヶ窪町はその名の通り南東側に開いた窪地なので日当たりも良好で、なかなか快適な立地である。そのさらに東南は麻布十番で、平成に入って地下鉄が二路線も開業したこともあって知名度は上がったが、町名が正式になったのは意外にも戦後の昭和三七年（一九六二）と新しい。それまでは長らく俗称で、江戸初期に古川（渋谷川）を改修した十番目の工区にちなむ地名という。

急勾配の坂道がたくさん

ヒルズの森タワーが面した六本木通りの標高は約三〇メートルであるが、隣にあるテレビ朝日の南側の道路は一五メートルと差が大きく、さらに麻布十番まで下がれば標高はわずか五メートルに過ぎない。六本木交差点からほぼ真南に下っていくのは芋洗坂で、江戸期に「朝日稲荷の前で芋が売られていたことにちなむ」といった俗説もあるが、おそらく疱瘡を洗う祈禱としてのイモアライ（または忌祓い）だろう。こちらもテレビ朝日の脇まで一五メートルほど下る平均三四パーミルの勾配。

芋洗坂。六本木交差点から下り、六本木ヒルズを経て、麻布十番に至る。坂下で芋が売られていたなど、名前の由来については諸説ある

この坂道の東側の崖上がかつての麻布鳥居坂町で、その東側の麻布東鳥居坂町（いずれも現在は六本木五丁目）と並んでかつては朝鮮李王邸をはじめ広大な邸宅ばかり並んでおり、跡地が現在は東洋英和女学院や国際文化会館などとなっている。鳥居坂は坂下から東洋英和までの勾配が急で、ここは六〇パーミルを超えている。そのさらに東側には飯倉片町交差点があって、こちらも旧町名の名残だ。

麻布永坂町、麻布狸穴町の名は住民の保存運動によって残ったが、いずれにせよ歴史的な地名はここ旧麻布区では大半が消滅している。昭和三七年（一九六二）

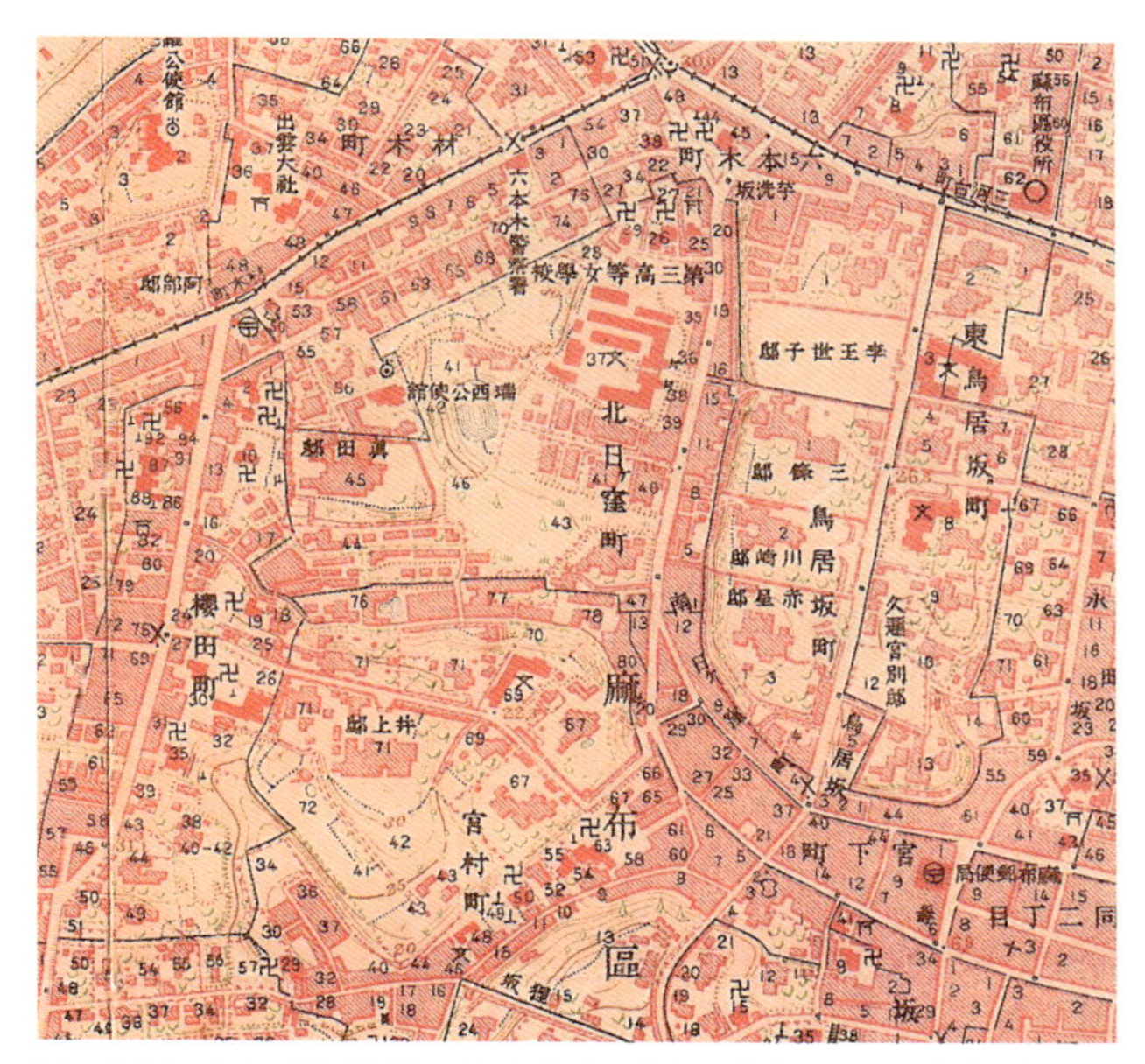

図の上辺に見える電車線路の分岐点が六本木交差点で、その南側の北日ヶ窪町の一帯が今の六本木ヒルズ。1:10,000地形図「三田」大正5年修正

施行の住居表示法に基づく町名の統廃合は、どこから見ても愚かな政策であった。

都電路線の交差点だった西麻布

六本木通りを西へ下れば西麻布交差点である。この道は市電が通ることになったのを機に拡幅されたもので、首都高速道路でさらに広げられた。この通りが谷を渡る位置にあるのがこの交差点で、

外苑西通り。かつての笄川の流れに沿った道。写真左側の青山霊園の敷地（淀橋台）の方が高くなっている

かつては霞町交差点として知られ、この通りを渋谷に向かう都電の系統と、青山一丁目から南下して谷沿いを広尾方面へ向かう系統が交差していた。霞町交差点の東側の台地上にはかつて棚倉藩（福島県）阿部氏の別邸があり、霞山稲荷があることにより麻布霞町と命名したという。

広尾方面に向かう都電の通りに沿って南流していたのが笄川で、このカンザシを意味する珍しい名も、もとは「甲賀・伊賀（コウガ・イガ＝笄川）」から転じたという（異説もあり）。この交差点にはいくつもの支谷からの水が集まっており、笄川の跡とこれに並行する細道が、今は二本の近接する細道として残っている。低い方が川の跡だ。この川と東からの支流に囲まれた半島状の台地上にあるのが青山霊園で、その南端近くにあった都電（市電）の停留場が「墓地下」。霞町の南には「赤十字病院下」もあり、「前」でなく「下」であるところなど、谷間を走る路線の性格が電停名ににじみ出ていた。笄川の低地の細長い谷間はかつて南豊島郡原宿村（はらじゅくむら）の飛地で、大山道（おおやまみち）（青山通り）の向こうに位置する原宿村から耕作に来ていたのだろう。それを明治二二年（一八八九）の市制施行の際に東京市麻布区霞町に編入した。

さて、この笄川も暗渠（あんきょ）となったので意識されることはあまりないが、川は赤十字病院下から先、かつての東京市麻布区と豊多摩郡（とよたまぐん）渋谷町の境界（現在では港・渋谷区境）を南流し、天現寺橋（てんげんじばし）で渋谷川に合流していた。ここからは本流も古川と名を変える。この天現寺橋がちょうど市郡界であったため、市電の線路もここから西へは行かず、天現寺橋から渋谷駅までは玉川電気鉄道（後の東急玉川線）が担当し、一時期は天現寺橋発渋谷、玉川（現二子玉川）経由の溝ノ口（みぞのくち）（現溝の口）行き電車が走っていた。

白金・高輪

地形 VIEW point

❶花房山
目黒駅東口側の山手線に沿った斜面。品川区上大崎三丁目一帯。線路に沿った坂道が花房山通り。主に住宅街だが、コロンビア大使館、マリ大使館がある。

❷池田山
品川区東五反田五丁目、上大崎一丁目一帯。昭和初期に宅地分譲され高級住宅地となる。かつての邸宅跡として、区立池田山公園、皇后美智子様の実家跡「ねむの木の庭」がある。

❸島津山
品川区東五反田三丁目一帯。明治時代から旧薩摩藩主・島津家の屋敷が置かれ、その敷地は昭和37（1962）年から清泉女子大学のキャンパスとなっている。ジョサイア・コンドル設計の本館が現存。

❹八ツ山
港区高輪四丁目、品川区北品川六丁目一帯。三菱グループの迎賓施設である開東閣（かいとうかく）の広大な敷地と、高級マンションが並び建つ。その昔は、山上から品川の海を一望できる立地であった。

❺御殿山
品川区北品川四、五丁目一帯。原美術館や、御殿山ガーデン（ホテル、オフィス）がある。原美術館は、実業家・原邦造が建てた洋館建築の自邸を利用したもの。

東京メトロ日比谷線
恵比寿駅
渋谷川
麻布通り
JR山手線
都営地下鉄三田線
東京メトロ南北線
桜田通
魚籃坂
三田用水
首都高速2号線
自然教育園
日吉坂
目黒通り
目黒駅
三田用水
都営浅草線
1
花房山
2
池田山
島津山
3
品川駅
八ツ山
4
目黒川
五反田駅
東急目黒線
八ツ山の坂
御殿山
5
都営地下鉄浅草線
JR山手線
大崎駅
東急池上線
品川区
JR東海道線

白金・高輪——台地と谷戸が入り組む複雑な地形

高級住宅地で知られる白金から高輪の界隈は実に複雑な地形である。長期間の侵食にさらされた下末吉面に属する淀橋台の南端部にあたるため、台地と谷戸が細かく入り組んでいる。これに対して目黒川をはさんで南西の対岸側は武蔵野面にあたる目黒台であり、そちらの比較的凹凸の少ない地形とは対照的だ。

現在の住居表示での白金（一丁目～六丁目）のエリアはおおむね古川（渋谷川下流部）とその上を走る首都高速目黒線の南側、かつ第二京浜（桜田通り）の西側で目黒通りの北側にあたるが、かつてはその多くが明治二二年（一八八九）の市制施行まで荏原郡白金村に属していた。

これに対して第二京浜の西でかつ目黒通りの南側が今は白金台（一丁目～五丁目）と呼ばれている。こちらも江戸時代から明治二二年（一八八九）の市制施行まで、面積からすれば多くが荏原郡今里村の領域だった。江戸期から町場となったのは台地の尾根を通る大山道（相模街道・現目黒通り。青山通りとは別）に沿った細長いエリアで、正徳三年（一七一三）に町奉行支配となっている。

さらに第二京浜の東側のＪＲ線までの南北に細長いエリアが現在の高輪（一丁目～四丁目）である。南北に連なる台地の「尾根」を通るのが二本榎通りで標高は最高約三〇メートルながら、東へ四〇〇メートルほど行けば標高四～五メートルの第一京浜（国道15号）だから、その間に急坂は多い。今では擁壁に覆われているが崖地が目立つ。明治初期までは東海道線あたりが波打ち際だったので、高台に位置していた江戸時代の各藩邸から海を俯瞰する眺めはなかなかのものだったに違いない。晴れた日には房総半島もはっきり望めただろう。ちなみに通りの名である二本榎は昭和四二年（一九六七）まで港区芝二本榎という町名であった。

白金は渋谷川の流域

さて、現在の白金はおおむね渋谷川の流域に属しており、古川のいくつかの小さな支流が北に向いた谷を形成している。かつてこれらの谷戸は水田であったが、明治末から急速に市街化し、台地上には華族や代議士、実業家たちの邸宅が建ち並ぶようになったという。市街化を受けて現目黒通りにも大正二年（一九一三）に市電が古川橋から白金火薬庫前（後の上大崎）まで敷設され、翌三年には目黒停車場前に達した。さらに途中の清正公前から白金猿町までの区間も昭和二年（一九二七）に開通している。猿町とは「白金台町を去る」という意味から転じたという説があるように、この町の南端が昭和七年（一九三二）の大東京市誕生までは東京市と荏原郡大崎町との境界であった。港区と品川区の境界はその尾根線におおむね一致するラインを描いている。

笹塚付近で玉川上水から分水した三田用水は、淀橋台の「やせ尾根」を巧みにたどって目黒駅付近に達し、ここから目黒通りの南側に並行して南に開いた谷を避けながら東へ向かう。目黒駅前が約二九メートル、高輪台交差点付近の開渠が途切れる地点で約二七メートルという緩い勾配を巧みに流した江戸初期の測量技術の高さがうかがえる。

目黒川の谷戸は南に開ける

白金と違って白金台は目黒川の流域なので、谷戸は南に開いており、この谷にかつては清水久保（しみずくぼ）、篠ノ谷などの地名もあった。地形図によれば篠ノ谷は大正期まで水田として用いられており、水車も二つ認められる。最上寺の東側の谷頭（こくとう）に水車があるのは、おそらく三田用水の余水をもらっていたのではないだろうか。この谷には現在ＮＴＴ東日本関東病院があるが、ここの標高が一〇メートル程度なので、高台との標高差は大きい。

この病院とその西側は今では東五反田五丁目であるが、この高台一帯は池田山と呼ばれている。かつて岡山藩の三・八ヘクタールに及ぶ下屋敷（しもやしき）があったためで、藩主・池田氏の名を冠した通称地名だ。しかし下屋敷ながら殿様の威光は今も健在のようで、このエリアのマンションの名に「池田山」は引っ張りだこの状態である。中には池田山の麓のかつて水田だった場所に建つマンションにさえこの名が付いているほどだ。

池田山だけでなく、品川駅から目黒駅にかけての山手線の内側には花房山、島津山、八ツ山、御殿山が並んでおり、池田山と合わせて「城南五山」と総称する。それぞれ薩摩藩の島津邸、徳川家の別邸などにちなむ。大名屋敷は、明治以降も当主の屋敷として残ることが多かったが、その後は分割されて住宅地となったものが多い。それでもこれらの地に建つマンションはいずれも好んで五山の名を付け、「入居できるのは殿様レベルの選ばれたお客様だけ」と現代の長者たちの心をくすぐる。これらの「山」は正式名称ではないから現代の地図に記されることはないが、詳しい地図を見ればそれらを名乗るマンション名がいくつもあるので一目瞭然だ。

第2章

都心・下町編

上野・谷中

地形 VIEW point

❶根津神社
本郷台地の際（きわ）に位置する。徳川六代将軍家宣の産土神（うぶすながみ）という縁起。境内には、本郷台地の斜面を利用した約2000坪のつつじ苑が展開している。門前には、かつて根津遊廓があったが、明治期に付近に帝国大学ができたため、洲崎（現・江東区東陽）に移転した。

❷へび道（藍染川跡）
「へび道」は、関東大震災後に藍染川が暗渠化されてできた道。藍染川は、本郷台地の関東ローム層から湧き出る清水を集めてできた川。このラインが現在、台東区と文京区の境界である。

❸不忍池
上野の山下に位置する天然の池。かつての石神井川の河口が海岸の砂洲（さす）に閉塞されてできた。

❹上野恩賜公園
上野台地上に広がる。江戸期は、将軍家の菩提寺・寛永寺の境内だったが、明治になり、お雇い外国人の医師・ボードワンのアドバイスにより、日本初の都市公園となる。

❺東北線沿いの海食崖
上野台地の縁に位置する崖。この裾に沿って東北線の上野～田端～王子～赤羽までの線路が敷かれた。この崖は、今から約１万9000年前から始まった縄文海進期に削られた海食涯。

根津神社
へび道（藍染川跡）
千駄木駅
本駒込駅
白山駅
東大前駅
根津駅
春日駅
後楽園駅
本郷三丁目駅
東京メトロ千代田線
東京メトロ南北線
都営地下鉄三田線
都営地下鉄大江戸線
東京メトロ丸ノ内線
文京区
東京大学
東大農学部
日本医科大学
根津神社
弥生二丁目遺跡
三四郎池
三崎坂
吉祥寺
高島秋帆墓
赤門

上野・谷中——縄文時代の海岸が長大な崖に

「山の下」（崖下）にある上野

野の付く地名は全国に数多い。もちろん戦後にブームとなって出現した「あざみ野」「はるひ野」のようなものが登場するずっと以前から、長野、中野、遠野、大野、与野、平野、辰野、串木野など非常に多い。地名学的に言えば、主に台地の上などで樹木に覆われていない草原など、未利用地を指すことが多いようだ。もちろん野の付く地名の中には沖積地も含まれるから、野イコール「台地上の草原」などと単純に定義はできないが、そのような傾向は確かに認められる。

野の字義を漢和辞典で調べると、旁の「予」の字は「広くてのびやか」という意味をもつことから、「広くのびやかな里」から「郊外」を指し、転じて「ありのまま」「むきだし」「いなかびた」といった意味でも使われる。かつての国鉄総裁・石田禮助を城山三郎が書いた伝記のタイトルには「粗にして野だが卑ではない」といった具合に、良い意味でも使われている。

江戸時代後期の江戸の地誌である『御府内備考』には、上野について「東叡山（寛永寺を指す＝引用者注）御開闢已然は葭萱生茂り候　小高き岡山にて、一円上野村と申候　由及承申候」としているように、徳川の菩提寺である寛永寺が江戸の鬼門にあたるこの地に創建される以前は、草の生い茂る小高い丘であったことがわかる。

かつては上野村も台地の西側（池之端や根津あたりか）にあったというが、この寛永寺創建の際に移転、台地の南側に代地を与えられて今に至っているので、それ以来完全に上野の「山の下」が上野となった。さらに戦後の住居表示では大幅にエリアも拡大されているので、地形と地名の関係はますます希薄になっている。

その上野の崖下に明治一六年（一八八三）、日本鉄道中仙道線（東北線・高崎線）の起点として上野停車場が建設された。元は寛永寺の僧坊だった土地だが、維新後には官有地となっていたところである。それ以来ずっと東京の「北の玄関」として発展していくが、鉄道はここからひたすら上野の山の崖下を、延々と赤羽まで忠実になぞるように北上する。

JR上野駅公園口は海抜17メートル。不忍口から公園口の高架ホームまでは急坂を上ることになる

それにしてもこの崖のラインは、地図で見れば見るほど、自然に作り上げられたものとは思えないほどの滑らかさだ。いわゆる「縄文海進期（じょうもんかいしんき）」の東京湾の海面は現在より二～三メートルほど高く、これらの崖下はすべて波打ち際であった。これに沿って流れる「沿岸流」が長時間かけて崖下を洗うことで形成されたのがこの「海食崖（かいしょくがい）」である。線路のラインを設計する際に、まさに崖下のラインに沿って走るのが最適と考えたのだろう。

上野駅はその後、輸送量の増大とともに増築が繰り返され、崖下だけでおさまらず徐々に崖の中腹にも及ぶようになった。その結果、長距離の列車ホームが地平（地上）、山手線・京浜東北線の電車ホームが高架で、一部が重なった構造をしている。西側の公園口は高架ホームからさらに階段を上がり、地盤は標高約一七メートルであるのに対し、地平の浅草口（東口）は標高三メートルと地面の高度差も大きい。上野台地の南端部も江戸期には広大な寛永寺の境内のうちであったが、上野停車場用地と同様、その一部が明治以降に上野公園や動物園などの用地となった。

石神井川が削った地形

上野の北、言問通りの北側を占める谷中は寺院や墓地の多いイメージであるが、それらが存在するのは地名に似合わず大半が台地上である。現在では大半が沖積地となった上野の地名とは対照的だ。しかし谷中も西端部分の現谷中二丁目、三丁目は、かつての藍染川（谷田川）を暗渠化した「へび道」東側の低地であり、境を接して西側は文京区の千駄木と根津となっている。

谷中・根津・千駄木の三つを「谷根千」などと総称することもあるが、これは地域雑誌の名称に由来するもので、それぞれの町の性格は一様ではなく、ひとくくりにするのは適切でないかもしれない。その地域を含む藍染川の谷は、か細い流れであったこの川に似合わない幅広さでゆったりと蛇行している。素人が見ても藍染川が削ったものではないことは一目瞭然で、昔ここを石神井川が流れていた証拠だという。蛇行の半径は流量に比例して大きくなるので、石神井川の現在の流量からすれば、これほどの半径の蛇行は不可能であろうから、そのはるか昔に武蔵野台地ができた時期にその扇状地上を蛇行して流れていた古多摩川の名残なのかもしれない。

　この石神井川の広い谷は、王子付近で前述の東北線沿いの海食崖のすぐ裏手まで迫りながら、かつてはその崖を破らずに上野の不忍池の方へ向かっていたのが明らかだが、今の石神井川は王子でこの崖を破って隅田川へ向かって流れていく（つい最近トンネルになったが）。この崖の破れ目の南側が飛鳥山公園の崖、北側が王子神社の崖で、両者の間に都電の走る明治通りの急坂がある。

　この「破れ目」がいつできたか、自然に破れたものか人為的に開削されたものかは長年議論があったが、最近の地質調査の結果、縄文時代に河川争奪（一四一、一七二頁参照）が行われた結果と決着がついたようだ。王子付近の旧石神井川の広い谷の標高は約一五メートル、細長い台地となった飛鳥山のてっぺんが標高約二五メー

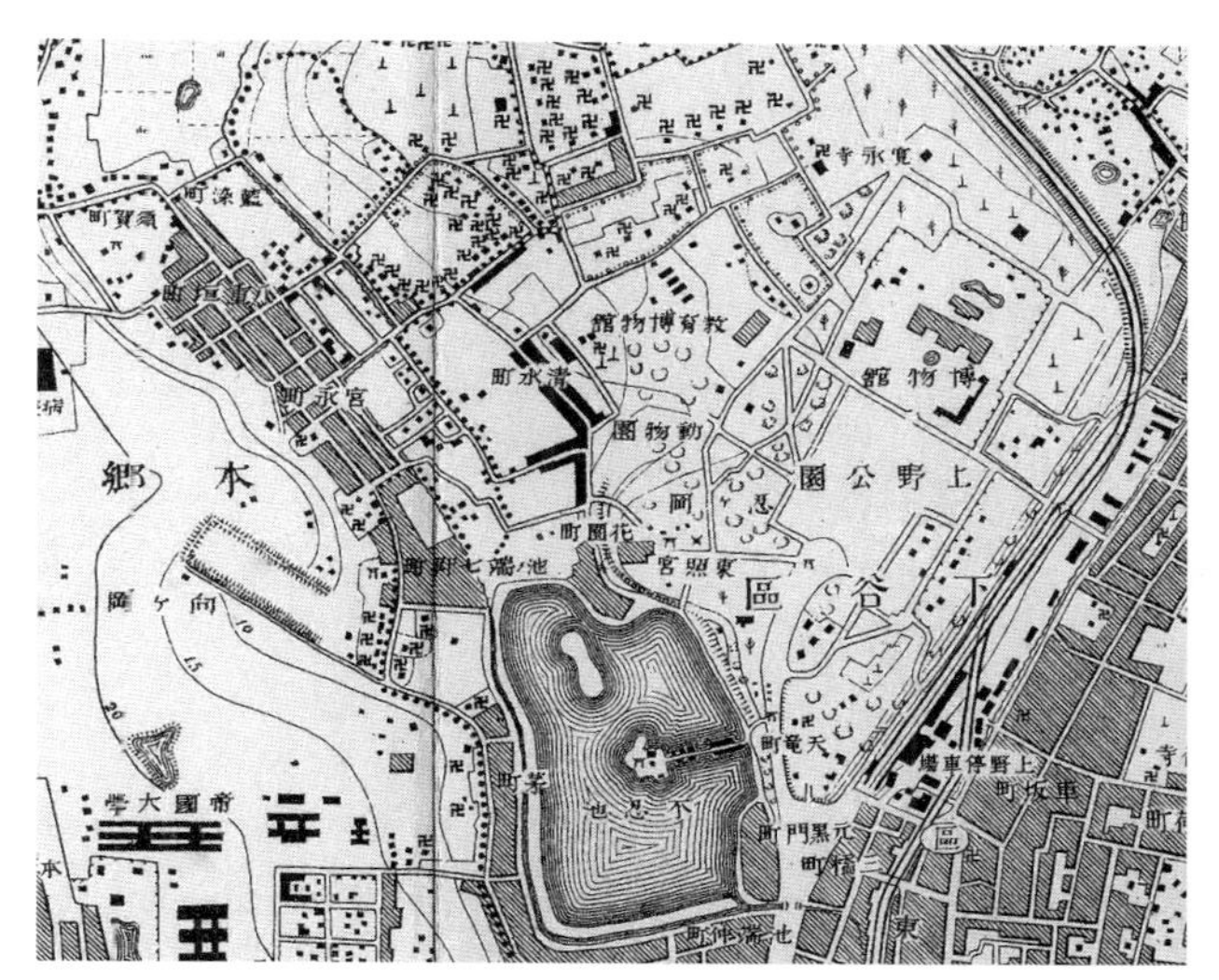

明治期の上野の台地と不忍池。線路は海食崖の裾のラインに沿って敷かれ、池の西は帝国大学が載った本郷台。図の左上に向かって藍染川の谷が伸びる。1:20,000迅速測図「下谷駅」明治30年修正

トル、そして崖下が約五メートルと凹凸がはっきりした地形であるが、縄文時代に河川争奪で流路が変わったばかり（地質的には数千年など昨日のようなもの）なので落差は大きく、このため石神井川のこの区間の急流が滝野川（たきのがわ）という地名を生じたらしい。滝は現代語で垂直に落ちるものだが、古語では急流を意味し、現代語の滝は「垂水（たるみ）」と呼んでいた。

本郷・御茶ノ水

地形 VIEW point

❶森川町の谷
本郷台地に切れ込んでいる急な谷。通りの両側は西片（旧・駒込西片町）と本郷六丁目（森川町）の高台。両町を陸橋である清水橋がつないでいる。

❷菊坂
本郷三丁目交差点付近から下り始める長い坂。北側には梨木坂（なしきざか）、胸突坂（むなつきざか）などの坂が、南側には本妙寺坂（ほんみょうじざか）、炭団坂（たどんざか）、鐙坂（あぶみざか）が分布。菊坂下は、森川町の谷にぶつかる。

❸壱岐（いき）坂、真砂坂
両坂とも、谷道である白山通りから本郷台地へと上ってゆく長い坂。ほぼ並行している。

❹水道橋
白山通りが神田川を渡るところに架けられた橋。この橋の下流側に神田上水の懸樋があったため名付けられた。現在の橋は昭和36年（1961）架橋のコンクリート橋。

❺御茶ノ水の渓谷
江戸初期、徳川家康の命により、本郷台を切り開いた渓谷。その目的は、神田川の治水。地形図を見ると、本来は高台であるこの地を割って水路が引かれたことがよくわかる。

❻駿河台
本郷台の突端。一帯は江戸時代は大名屋敷で、明治以降は日本大学、中央大学、明治大学などのキャンパスとなった。坂下の神保町・小川町には、古書店はじめさまざまな業種の商店街が広がる。

文京区
東京メトロ南北線
東大前駅
1
森川町の
本郷通り
胸突坂
梨木坂
2
菊坂
鐙坂
春日駅
真砂坂
炭団坂
本妙寺坂
後楽園駅
富坂
3
壱岐坂
御茶ノ水の渓谷
水道橋駅
4
水道橋
5
駿河台
都営地下鉄三田線
都営地下鉄大江戸線
東京メトロ丸ノ内線
東京メトロ有楽町線
神田川
春日通り
飯田橋駅
東京メトロ東西線
日本橋川(旧平川)
都営地下鉄新宿線
神保町駅
靖国通り
東京メトロ半蔵門線
小石川植物園
東洋大学

本郷・御茶ノ水——本郷台地から江戸名所の渓谷へ

「御茶ノ水」は通称地名

御茶ノ水という地名は、「鉄腕アトム」に登場するお茶の水博士、そしてお茶の水女子大学の貢献があって知名度は全国区だが、通称地名であることはあまり知られていない。付近の湧水が良質で、これが将軍にお茶を淹れるために用いられたことが由来とされているが、現在の町名で言えば千代田区神田駿河台の北側と文京区湯島の南側にまたがるエリアだ。この千代田区側に中央線の前身・甲武鉄道が明治三七年（一九〇四）に終着駅として御茶ノ水駅を設けたことが通称地名としての普及に大きな力があったことは間違いないだろう。

思えば中央線のひとつ西隣は水道橋駅（同名の橋に由来）、総武線でひとつ東隣は秋葉原駅（火除地として秋葉神社を勧請したことに由来）であるが、いずれも通称地名だ。甲武鉄道は私鉄であったため、利用客を少しでも増やすべく、駿河台（御茶ノ水）や三崎町（水道橋）という地元の町名より、いずれも通りの良い江戸以来の通称地名や有名な橋の名を採用したのではないだろうか。

ついでながらお茶の水女子大の所在地は文京区大塚だが、前身の東京女子高等師範学校はかつて神田川の北、現在の東京医科歯科大学の場所にあった。現在地に移転したのは昭和七年（一九三二）のことであるが、新制大学として昭和二四年（一九四九）に発足する際、旧地をしのんで「お茶の水」を冠したのである（一橋大学も同様に旧地の名を付けた）。

「彫り」が浅い本郷台

本郷という地名は「湯島郷の本郷」つまり湯島の本村に由来すると考えられている。地形的には武蔵野台地の先端部が半島のように南に延びており、これが本郷台と称し、その西側に小石川の谷、東側に谷田川（藍染川・かつての石神井川）の谷が入っている。谷田川の谷の末端部には、旧石神井川の河口部を砂洲が堰き止めて形成されたと思われる不忍池があるが、それを西側から見下ろす高台に広大な敷地を誇ったのが「百万石」が冠される加賀藩の上屋敷であり、その跡地が現在の東京大学本郷キャンパスだ。

　本郷台は淀橋台のような下末吉面ではなく、侵食を受けた時間が比較的短い武蔵野面であるため、相対的に「彫りが浅い」印象ではある。本郷三丁目の交差点の北西側を谷頭に北西へ延びる谷を菊坂が下っていくが、その一帯が樋口一葉も住んだ旧菊坂町だ。その坂下――合流点の沖積地で文字通り「田町」と称したが、そこから北東へ向かう谷間から台地にかけてはかつての森川町で、町名は江戸期の森川金右衛門の屋敷にちなむ。

　その谷の西に面した台地は西片町（現西片）で、備後福山藩主の阿部邸があった。広大な土地だったのでその後分筆され、どこまで行っても一〇番地で、しかも枝番

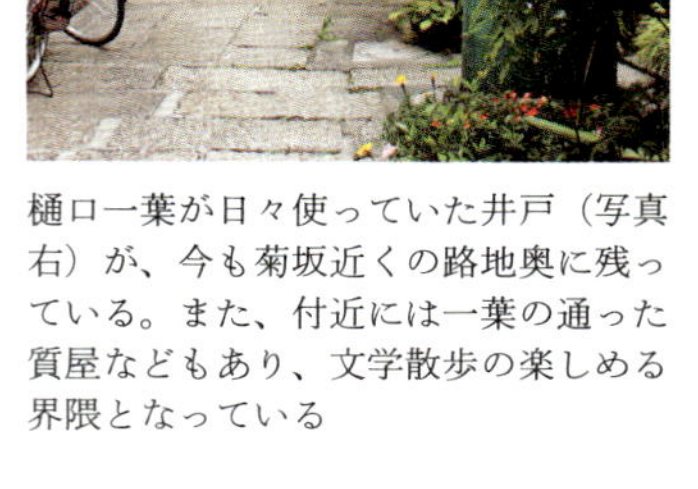

樋口一葉が日々使っていた井戸（写真右）が、今も菊坂近くの路地奥に残っている。また、付近には一葉の通った質屋などもあり、文学散歩の楽しめる界隈となっている

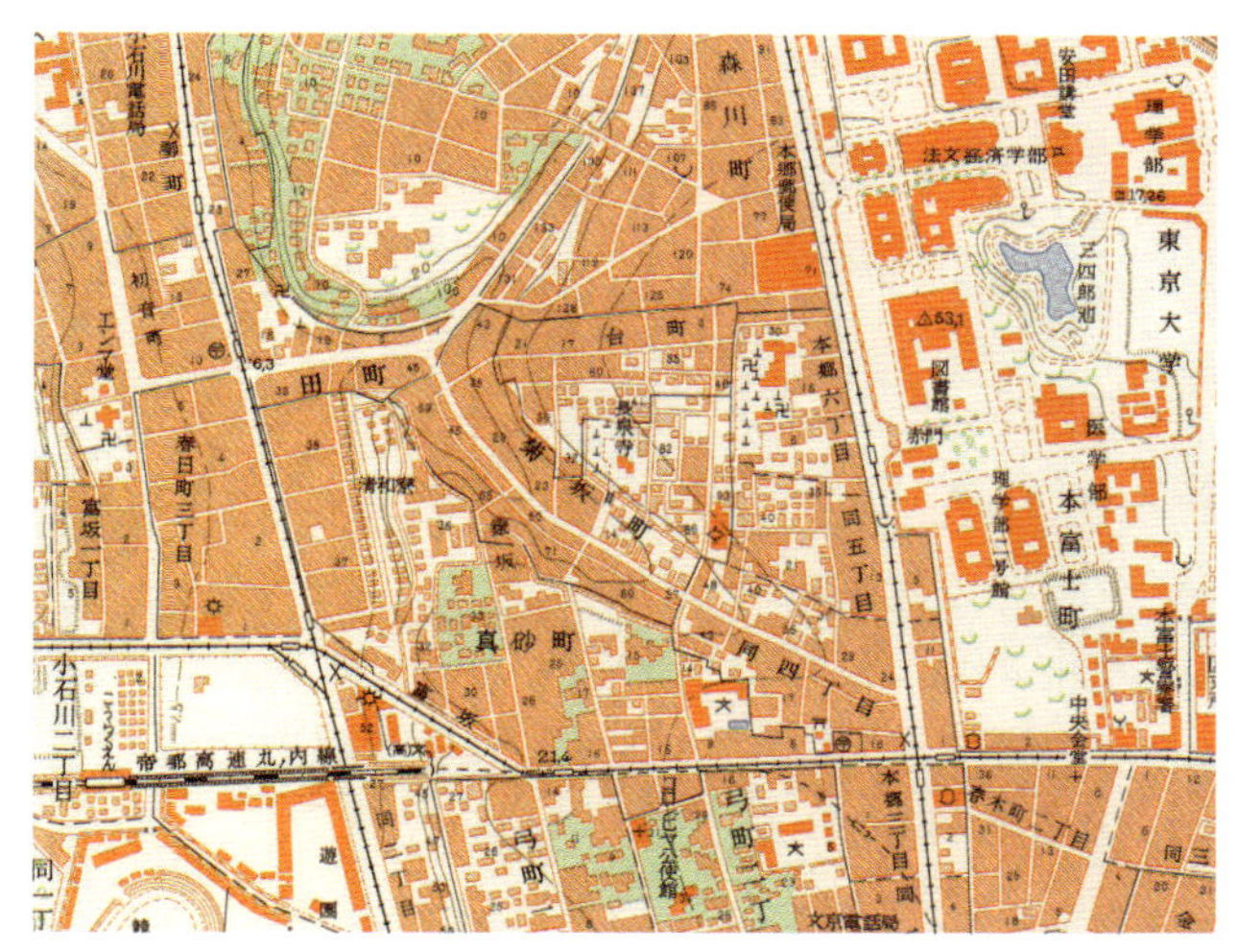

旧町名が健在だった頃の本郷。図の左中央に見える田町を目指して、右下から菊坂、右上から森川町の坂道が谷に沿って伸びる。1:10,000地形図「上野」昭和31年修正

号は飛び飛びで迷宮状態。わかりにくい住所の代表例として有名だった。台地の麓には同じく福山藩にちなむ丸山福山町という歴史を伝える町名もあったが、悪名高い住居表示の変更で、昭和四〇年代にこれらの町名は森川町も菊坂町も含めて何もかも消えてしまった。今ではあらかた「本郷○丁目」である。

御茶ノ水の渓谷が江戸名所に

さて、御茶ノ水は南へ延びる本郷台地の先端部であるが、一

お茶の水橋からの神田川の眺め（上流方）。江戸初期の元和年間（1615～24）に、本郷台地を約1.4キロにわたって開削。工事を担当したのは、伊達政宗が藩主の仙台藩だった

帯はかつて神田山と呼ばれていた。中央線が走る「谷間」はその神田山に放水路としての神田川を通すために人工的に開削されたもので、重機のない時代にこれだけの渓谷を作った労力を思うと、江戸幕府の都市計画に懸ける強い意志が伝わってくる。

江戸の街には珍しい「渓谷」ゆえに茗渓（茗は茶の意）などと洒落て呼ばれ、人気の景勝地となった。その茗渓の西端に架けられた神田上水の橋が「水道橋」である。今もこの渓谷の斜面には四季折々の木々が都会では貴重な風景を提供している。ちなみにここを開削した土砂は、万世橋あたりから東へと続く神田川南側の「柳原土手」を

築く材料となり、土手の南側は江戸期に古着市場として賑わっていたという。

御茶ノ水駅の付近ではJR中央線・総武線の電車が行き交い、その下を神田川の水面すれすれに顔を出した東京メトロ丸ノ内線がコンクリートアーチの聖橋（ひじりばし）の下で川を渡る立体的な風景が鉄道写真の撮影スポットとして根強い人気を持っている。私事ながら筆者も幼児の頃にこのアングルの光景が載る絵本に親しんでおり、大学受験でここを訪れた際に初めてその「実物」を見て感激したものだ。

この神田山は江戸期に切り崩して日比谷入江の埋め立てに用いたのであるが、現在の地形を見ると、本郷台の最南端部の標高、特に明治大学の東側にあたる日大病院や三井住友海上ビル（かつての中央大学）付近が武蔵野台の先端としては不自然に低くなっており、この一帯が削平（さくへい）された痕跡とされているようだ。この台地の麓のラインは、南へ丸みをもってカーブしている靖国通りとほぼ一致している。なお、台地の先端から少し外れてはいるが、水道橋駅の南側は三崎町（みさきちょう）だ。明治五年（一八七二）以来の新しい町名ながら、中世に一帯が三崎村と称していたことにちなむとされ、台地の突端（岬＝三崎）との関係があると考えた方が自然だろう。

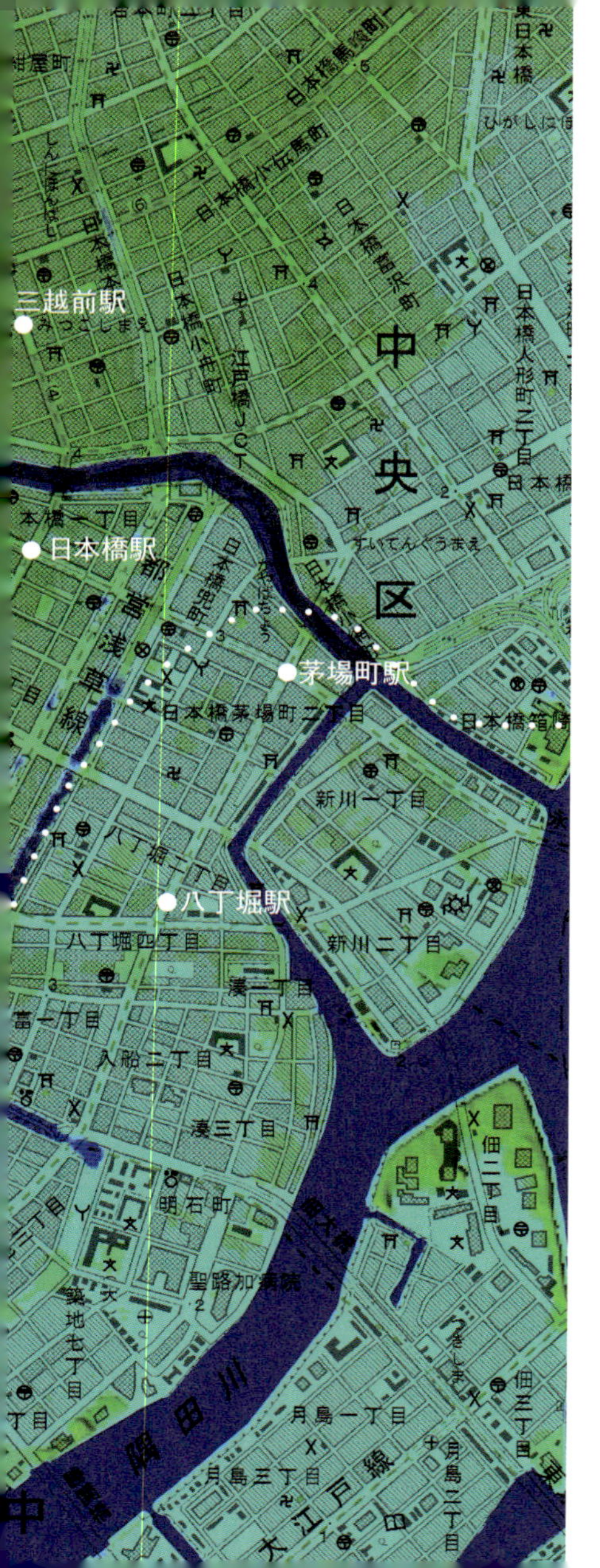

日比谷・銀座・日本橋

地形 VIEW point

❶皇居

現在の皇居はかつての江戸城で、淀橋台の東端にあたる。埋め立てで陸となった東の入江側よりだいぶ土地が高いことがわかる。

❷日比谷公園

江戸時代は武家屋敷、さらに遡ると入江だった。淀橋台にある皇居と、日本橋台地（埋没波食台）の上に立つ江戸前島（現在の中央通り周辺）の間に挟まれた低い場所。

❸日比谷入江

江戸開府以前、現在皇居がある場所の東は「日比谷入江」と呼ばれ、大手町から新橋あたりまで広がる入江だった。

❹江戸前島

日比谷入江の東側、隅田川の河口付近には「江戸前島」と呼ばれる砂洲があった。銀座や日本橋はこの前島の場所を埋め立てて作られた。埋没波食台なので地盤は比較的安定している。

❺日本橋川（旧平川）

神田川の下流部はかつて平川と呼ばれ、現在の神田川のように隅田川に合流するのではなく、日比谷入江に直接流れ込んでいた。

日本橋川（旧平川）
5
神田駅
1
皇居
江戸城跡
北の丸公園
千代田区
大手町駅
東京駅
3
日比谷入江
4
江戸前
京橋駅
宝町駅
日比谷公園
2
日比谷駅
有楽町駅
皇居外苑
銀座駅
銀座四丁目交差点
銀座五丁目交差点
東銀座駅
新橋駅
港区
旧新橋停車場跡
国立がんセンター
中央卸売市場

日比谷・銀座・日本橋——日比谷入江の埋め立てから始まった

大正一二年(一九二三)に東京市一帯を襲った関東大震災。おびただしい家屋が倒壊または火災によって焼失したが、地震の後で被災地の倒壊状況を詳細に調べ、地図に表現した学者がいた。それによって揺れの強さを推定し、防災に生かすためだ。一般に低地より台地の地盤が固いことは知られていたが、低地でも場所によってだいぶ揺れの大きさが違うことがわかったのである。

旧一五区ごとの全壊率は、隅田川以東の沖積層の分厚いエリアである深川区(現江東区西部)で八・九パーセント、本所区(現墨田区南部)で一五・六パーセントと高いのに比べ、日本橋区(現中央区北部)は〇・三パーセント、京橋区(現中央区南部)が〇・四パーセントと明らかに低かった。日比谷入江を擁する麹町区(現千代田区南部)は一・九パーセントと少し高い。同区は番町・麹町などの台地部分も含まれているので入江部分はさらに高かったと推定できる。日比谷も銀座も同じ低地に見えて、内実はだいぶ違うのだ。

平川の付け替えと日比谷入江の埋め立て

江戸幕府が開かれる以前、現在の大手町を北端として日比谷公園、新橋駅付近に至る「日比谷入江」が南北に細長く広がっていた。そこに流れ込んでいた平川（ひらかわ）は神田川の旧河道である。江戸の町を作るにあたっては、現在の大手町あたりで氾濫しないよう本郷台（ほんごうだい）の先端部を開削（かいさく）して、平川（神田川）の流れを東の隅田川へまっすぐ流すこととなった。この開削で出た土砂はその東側の柳原（やなぎはら）の土手作りに流用している。神田川の南側に土手を築くことによって水害から江戸中心部を守る堤防の役を果たさせたのだ。このため現在でも、秋葉原から浅草橋に至る神田川の南北を比べると、靖国通りの北側から神田川にかけて、東西に細長く帯状に微高地が続いている南側のほうが、地盤はおおむね一メートル以上は高い。

日比谷入江の埋め立てには現在の駿河台（するがだい）にあたる「神田山（かんだやま）」を切り崩した土砂を投入した。入江の東側に広がっていたのは「江戸前島（えどまえしま）」と呼ばれた隅田川の砂洲（さす）で、

銀座八丁目、日本橋台地の上を走る中央通り。新橋寄りの銀座八丁目交差点から一番高い五丁目に向かって、道はわずかだが上がっていく

銀座や日本橋はその上に築かれた。この砂洲は表面こそ沖積層（ちゅうせきそう）が覆っているものの、実はそのすぐ下を堅固な「日本橋台地」が支えている。この砂洲に隠れた台地はもともと武蔵野台地の先端が波食（はしょく）（波による侵食）によって削られ、長年をかけて江戸城のあたりまで後退させられたものであり、そこへ隅田川などの土砂がうっすらと積もった「埋没波食台（まいぼつはしょくだい）」だ。

「江戸前島」の高低差をたどる

その存在は今も微妙な標高差に表われていて、これは晴海（はるみ）通りのうち、日比谷交差点から銀座四丁目交差点に至る六五〇メー

大正時代の日比谷から銀座にかけての地域。中央に見える外濠のおおむね西側がかつての日比谷入江、東側が埋没波食台の日本橋台地で、後者の方が地盤が高い。1:10,000地形図「日本橋」大正８年鉄道補入

トルほどの区間の標高をたどってみるだけでわかる。かつて入江の中であった日比谷公園の北東角に位置する日比谷交差点が二・五メートルであるのに対して、外堀通りと交差する数寄屋橋交差点は五・一メートル、さらに銀座四丁目交差点が六・一メートルと明らかに東へ行くほど高くなっている。しかしさ

らに東へ進んで東銀座の三原橋(みはらばし)交差点（昭和通りとの交差点）は四・九メートル、東本願寺に近い築地四丁目交差点（新大橋通りとの交差点）では三・六メートル、築地市場に近い築地六丁目交差点は二・九メートルと徐々に低下していく。

晴海通りの縦断面を見ると、中央通りと交差する銀座四丁目交差点が最高地点であるが、これは中央通り沿い、つまり旧東海道（国道15号）に沿って最も高い地形になっており、その高まりは東海道に沿って日本橋へと続いている。これが埋没波食台の「江戸前島」の姿で、水中から背中を出したカバにたとえれば（銀座をカバにたとえるなど「馬鹿にするな」と叱られそうだが）、中央通りは背骨にあたり、その東西がなだらかに低くなっていくという姿である。なお中央通りでは銀座五丁目交差点の六・二メートルがおおむね最高地点であり、背骨の南端にあたる銀座八丁目交差点は三・六メートルと低い。

江戸が錦糸町～亀戸までだった理由とは？

国土地理院の土地条件図「東京東北部」でこのあたりを見ると、本郷台の末端の駿河台下から日本橋―銀座と続く江戸前島は、なるほど「砂洲・砂堆（さすい）」を示す黄色の表現になっており、比較的軟弱な沖積層がどのくらいの厚さで堆積しているのかを示す「沖積層基底等深線（きていとうしんせん）」を読めば、日比谷入江だった日比谷公園が二〇メートルに対して銀座は五メートル未満となっている。

　ついでながら隅田川を渡る手前の永代橋西詰（えいたいばしにしつめ）では三〇メートルと低く、隅田川の東へ行って亀戸（かめいど）駅まではおおむね三五メートル台で推移するのだが、そこから東が崖を下るように沖積層が分厚くなり、等深線はガクッと深い数値を示す。たとえば荒川両岸の平井（ひらい）・新小岩（しんこいわ）両駅あたりでは六〇メートルを超え、南へ進めば南砂町（みなみすなまち）あたりで七〇メートルを超えている。近代に入ってから東京の東部では地下水汲み上げによる地盤沈下が激しかったが、錦糸町（きんしちょう）～亀戸間を南北に通じる横十間川（よこじっけんがわ）を境に、その東側にゼロメートル地帯の分布が顕著なのも、沖積層の圧倒的な分厚さのために、沈む量が大きくなったからである。江戸の東端がこの錦糸町～亀戸までであったのも偶然ではないかもしれない。

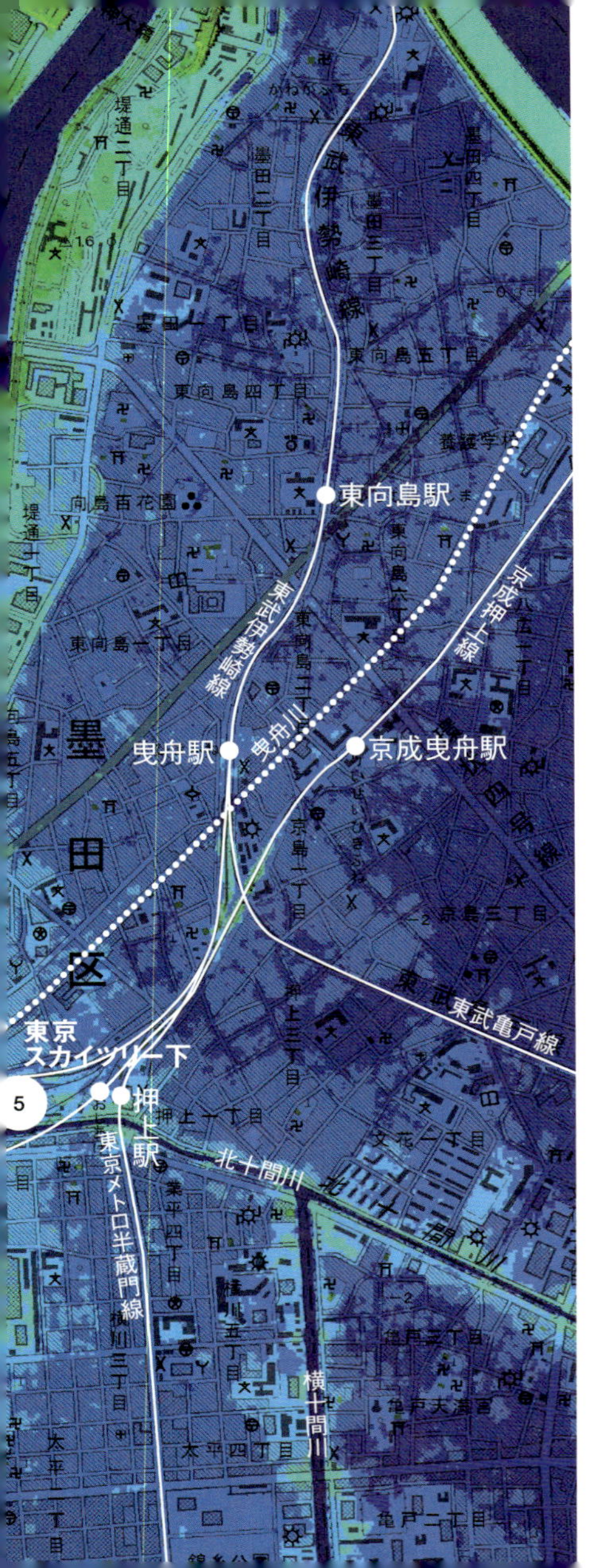

浅草・向島

地形 VIEW point

❶吉原
江戸初期に日本橋人形町付近にあった旧吉原がここに移転。当時は、千束田圃（せんぞくたんぼ）と呼ばれた田園地帯に一大不夜城が誕生。遊廓、公娼街として、江戸時代から明治、大正、昭和と存続。昭和33（1958）年の売春防止法で廓の灯は消えた。

❷山谷堀（さんやぼり）
江戸初期の開削と推定される。音無川（おとなしがわ）を水源とし、飛鳥山の北側、王子神社の下から千束へと通じていた。江戸期は、舟で、柳橋から隅田川を経由して吉原に行くルートもよく利用された。昭和初期から、昭和50年代にかけて徐々に埋め立てられた。

❸待乳山聖天（まつちやましょうでん）
浅草寺の子院。標高約8メートルの山上（築山らしい）に本殿がある。境内のあちこちに大根と巾着のモチーフが見られる。大根は身体を丈夫にし、良縁成就、夫婦和合などの功徳を表す。

❹隅田川西岸の微高地
砂礫層（されきそう）でできた浅草外島と呼ばれる微高地。500年以上前には、砂利や牡蠣殻の採集場でもあったという。

❺東京スカイツリー下
スカイツリーが建設されたのは、東武鉄道旧業平橋駅の貨物ヤード跡。北十間川に面した土地なので舟運の便もよかった。かつては栃木県葛生（くずう）の石灰石をここまで運び、セメントを製造していた。貨物駅が廃止後の平成18年、スカイツリー建設地に決定。

1 吉原
2 山谷堀
3 待乳山聖天
4 隅田川西岸の微高地
南千住駅
三ノ輪駅
浅草駅(TX)
浅草駅
田原町駅
蔵前駅
本所吾妻橋駅
とうきょうスカイツリー駅
JR常磐線
東京メトロ日比谷線
つくばエクスプレス
東京メトロ銀座線
都営地下鉄浅草線
都営地下鉄大江戸線
土手通り
言問通り
国際通り
隅田川
台東区
吾妻橋
厩橋
隅田川駅
東京ガス工場

浅草・向島——お寺のある場所は安全地帯か⁉

浅草は揺れが少ない地盤

東京スカイツリーの登場や外国人観光客の増加で、浅草と向島は注目度が上がっている。このうち浅草は都内で最も古いとされる古刹・浅草寺の門前町として長い歴史を持ち、江戸歌舞伎の創始者・猿若（中村）勘三郎にちなむ猿若町（現浅草六丁目の一部）をはじめ芝居小屋などが並ぶ繁華街となり、近場に新吉原が進出したこともあり大いに繁栄した。浅草寺から蔵前にかけての隅田川西岸は、洪水時に隅田川（旧荒川本流）がもたらした大量の土砂により自然堤防が形成されているため周囲より高い。

低地は表面だけ見るとどこも同じように見えて、地下はなかなか複雑だ。浅草付近に砂洲ができたのは、かつての武蔵野台地が波に削られて後退したはるか後の時代である。簡単に言えば、上野の山（上野台地）の崖が、かつては今よりずっと東の浅草付近にあり、徐々に後退したのが現状なのである。波で削られた海面下の平坦な地形を波食台（波食棚）と称するが、その上に後になって川の泥などが堆積して「埋没波食台」となった。このため表面は隅田川の東側と似たような地質であっても、岩盤の深さがより浅いので、地震の際の揺れは意外に小さい。このため関東大震災における木造家屋の倒壊率から導き出した揺れの想定データを見ても、浅草地区の揺れはそれほど大きくなかったようだ。

表面からは見分けがつかない沖積地であっても、古くから集落の発達した場所は地盤が相対的に安定しており、また多くが微高地で水に浸からない確率が高い。「家を建てるなら古くからの神社仏閣がある土地を選べ」というのは、地質調査をしたわけでもない先人が長い年月をそこに暮らしてみて経験的に導き出した教訓であり、表面の地形だけではわからない沖積層の厚さの違いなどを示唆しているので、素人が地形図を見ただけで判断するより正確だ。

具体的に浅草の標高を「地理院地図」で調べてみれば、浅草寺の本堂の前が三・四メートル、雷門が三・九メートル、駒形橋の西詰交差点がさらに高くて五・一

隅田川・厩橋からスカイツリー、浅草方面を望む。隅田川西岸（写真左側）は、川の流れがもたらした土砂により、地形的に高くなっている

メートル、それより少し南へ下がった駒形一丁目交差点が五・三メートルと、ここが一帯のおそらく最高地点である。これに対して雷門から西へわずか四〇〇メートル行った雷門一丁目交差点は二・五メートル、浅草ROX前の国際通りは一・八メートルしかない。

この自然堤防は隅田川に沿って長く続いており、だいぶ下流の浅草橋駅前の国道6号が三・九メートル、南西に下がった馬喰町の交差点が四・八メートル、この道が中央通り（国道17号）に接続する室町三丁目交差点では五・〇メートルと高い。面白いのは昔ながらのルートをたどる国道6号

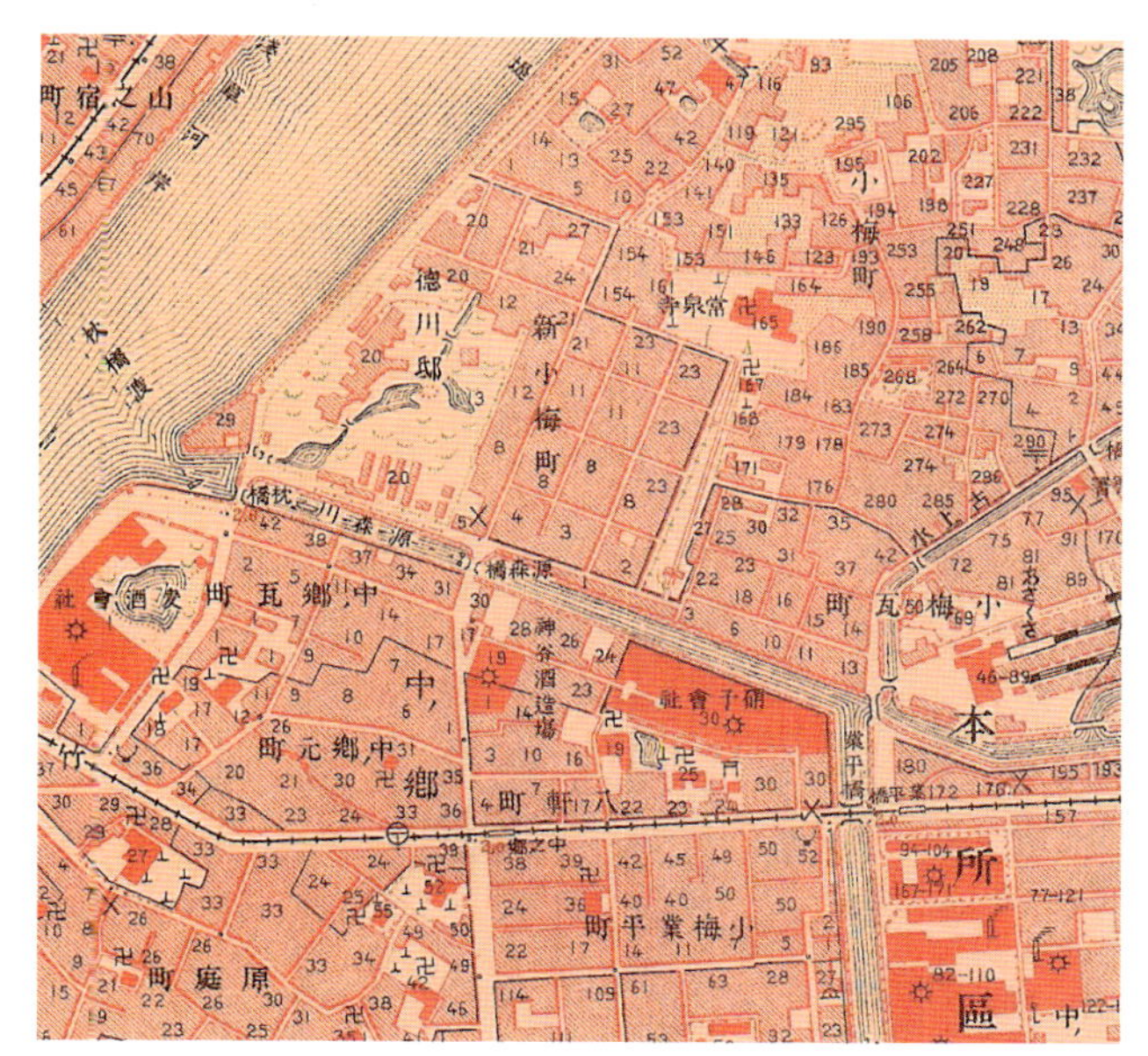

東武鉄道の旧浅草駅（右端）。昭和６年（1931）にここから北十軒川（源森川）沿いに線路を伸ばし、現在の浅草駅まで延伸した。その際旧浅草駅は業平橋駅と改称、平成24年（2012）に「とうきょうスカイツリー駅」と再改称。1:10,000地形図「向島」大正５年修正

（水戸街道）がずっと高い場所を保っていることで、これは低地を通る主要街道が水に浸かることのない安全なルートを選んだ結果であろう。

川の向こうにある向島

その浅草から見て隅田川の向こうにあるのが向島である。地名の由来は文字通りのようで、『角川

日本地名大辞典』には「浅草方面から見て、島のように見えていたことから呼ばれたものという」とある。ただし島のつく地名は必ずしも海に浮かぶ島だけではなく、ひとまとまりの土地――たとえば沖積地の中に分布する自然堤防上の集落などにも命名されるので、その地名が発生した時点で文字通りの島だったかどうかはわからない。

向島は江戸の町の外側に広がる農村風景で、しばしば文人墨客（ぶんじんぼっかく）が訪れる景勝地として知られていた。今では見違えるように住宅の高度密集地に変じているが、文化・文政期（一八〇四～三〇）に骨董商（こっとう）が作った向島百花園（ひゃっかえん）は、マンションに囲まれながらもその景観を今に伝えている。東武伊勢崎線（いせさきせん）（東武スカイツリーライン）の線路に沿って東へ向かう運河は江戸初期に開削（かいさく）された北十間川（きたじっけんがわ）で、その畔（ほとり）にあった東武鉄道の旧浅草駅（後の業平橋駅（なりひらばし）、現とうきょうスカイツリー駅）の貨物ヤード跡に建ったのが東京スカイツリーだ。

その少し西側にあった中ノ郷瓦町（なかのごうかわらちょう）は江戸の端にあたり、その地名が示す通り江戸時代から地元の土で瓦を製造していた地区である。大消費地の間近で原料を採って製造・供給する工業が展開されていた時代から、最初に原料供給地が遠くなり、そのうち工場も郊外へ追いやられて、今は電波塔が建つ。

旧浅草駅の東側ほど近くにあるのが京成電鉄の最も古いターミナルである押上駅で、これらのターミナルが近接しているのは、東京市と郡部の境界がこの近くを通っていたため。東京市は市内の近距離交通を独占する政策を長年続けていたため、昭和七年（一九三二）までの東京市と郡部の境界付近には、品川（京浜電気鉄道＝現京急）、目黒（目黒蒲田電鉄＝現東急）、渋谷（玉川電気鉄道＝後の東急玉川線）、天現寺橋（同）、新宿（京王電気軌道＝現京王）、早稲田（王子電気軌道＝現都電）、錦糸町（城東電気軌道＝後の都電）、洲崎（同）など、電車が発着する始発駅が目立ち、そこから市電（後の都電）が都心部へ向けて接続していた。

とうきょうスカイツリー駅の東隣は曳舟駅だが、これは地名ではない。江戸期にかつての亀有上水に輸送用の曳舟が運行されていたことから通称として曳舟川と呼ばれるようになり、それが駅名に採用されたものだ。今ではこの川も暗渠化されて見られない。

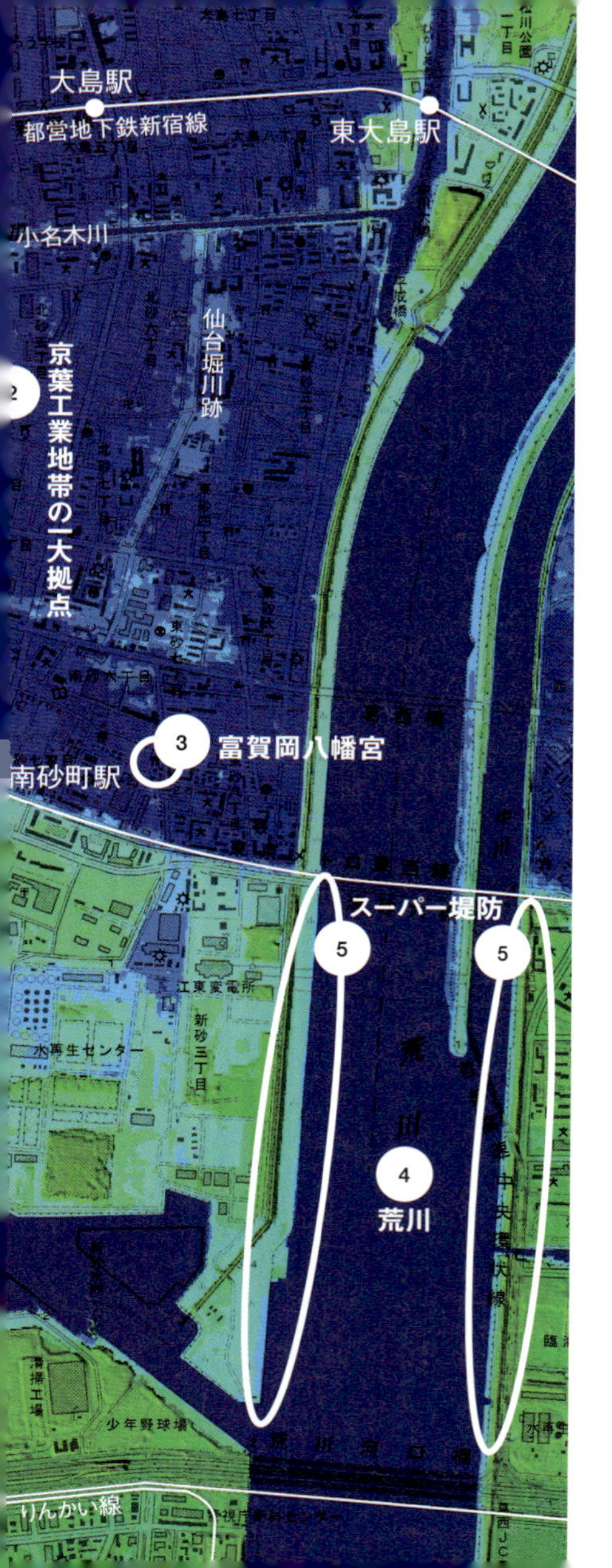

砂町・東陽町

地形 VIEW point

❶洲崎神社
弁財天と稲荷社を祀る洲崎神社。隣を流れる細い運河は大横南川。この川を越えた東側の一画がかつての洲崎遊廓だった。古い埋立地なので標高の低さが色に表われている。

❷京葉工業地帯の一大拠点
江東区には運河が多く、物流に優れるため、明治・大正時代には、紡績、製材、鉄鋼、機械などの工業が盛んになった。しかし、それが地盤沈下を招き、昭和後半から徐々に移転、住宅地へと変わっていった。

❸富賀岡八幡宮
江戸初期に砂村新左衛門が開発した新田に建てられた神社が、富賀岡（とみがおか）八幡宮。その一帯が埋立地であるため、神社としては珍しく低地（マイナス2.4メートル）にある。

❹荒川
荒川は奥秩父を水源とし、東京湾に注ぐ。その距離は173キロにも及ぶ。北区の岩淵水門より下流は、大正～昭和にかけて開削された放水路。隅田川は下流部の旧河道である。

❺スーパー堤防
荒川の河口部は地盤が低く、堤防が決壊すると大災害が予想されるため、江東区側にも江戸川区側にも、高規格堤防であるスーパー堤防が設けられている。

森下駅
菊川駅
住吉駅
西大島駅
都営地下鉄大江戸線
東京メトロ半蔵門線
清澄白河駅
江東区
小名木川駅跡地
大横川
門前仲町駅
木場駅
東京メトロ東西線
東陽町駅
洲崎神社
1
旧洲崎川
JR京葉線
潮見駅
江東区
新木場駅

砂町・東陽町——運河と水路が賑わいをつくった

江東区の南東部は北砂・南砂・東砂・新砂と「砂」のつく地名が多くを占めている。以前は北砂町と南砂町であったが、住居表示法（昭和三七年施行）による住居表示で昭和四一年（一九六六）から翌四二年にかけて分割されたものだ。具体的には南北砂町のそれぞれ東側三分の一ほどを合わせて東砂、おおむね永代通り以南を新砂としている。「町」が外れているのは、都の住居表示の基準に則して「丁目」で分割する町は「町」の字を省略するという奇妙な政策が実行されたからだ。それでも東京メトロ東西線（昭和四四年全通）の駅は昔ながらの南砂町を名乗っている。

そもそも「砂町」という地名は、万治二年（一六五九）に砂村新四郎が海辺の湿地に新田を開いて砂村新田としたのが起源とされる。それが明治の町村制で周囲の亀高村・治兵衛新田・又兵衛新田・荻新田・太郎兵衛新田・中田新田・八郎右衛門新田・大塚新田・砂村新田・永代新田・久左衛門新田・平井新田・八右衛門新田

（およびその他飛地）が合併し、南葛飾郡に属する行政村の「砂村」となった。

その後は東京市近郊に位置するこの村では工業化が急速に進んで大正一〇年（一九二一）に町制施行、そこで「砂町」という地名が登場したのである。厳密に地名を運用するなら本来「砂村さんの新田」なのだから、当初の行政村名を「砂村村」とするのは避けながらも、町制施行にあたっては「砂村町」とするのが妥当であった。今さら言っても仕方ないが。

砂町は運河の町

この一帯は近世以前には葦の茂る湿原が茫漠と広がるばかりだったというが、この地域の未来を決めたのが、徳川家康が開いた小名木川であった。東西に一直線のこの運河は、現江戸川区側の新川と併せて行徳（現千葉県市川市）の塩田から江戸へ塩を運ぶための重要な輸送路として、都市防衛の見地から戦略的に建設されたものであり、その後さらに縦横に建設された運河網の存在が、明治に入ってから早い時期での工業化に大きな役割を果たしている。つまり鉄道や自動車による貨物輸送が本格化するはるか以前から、船舶による原料の搬入、製品の出荷にこれらの運河が大いに役立ったのである。

しかし工場が急増するにつれて地下水の汲み上げが過剰となり、このため地盤沈下が進行してしまう。ただでさえ標高一〜二メートル程度の低地は大半が〇メートル以下となってしまった。ここ数十年で工場そのものは郊外へ移転するなどしてだいぶ減少したが、地下鉄の便が良いので近年ではマンションの進出が目立つ。

昭和三四年（一九五九）の伊勢湾台風では特に名古屋市の臨海部で高潮被害が深刻で、その教訓からそれ以降の埋立地は高く造成されるようになった。その結果、今では「ゼロメートル地帯」を護衛するスーパー堤防のように、永代通りから南側の新たな埋立地は土を高く盛っている。標高がおおむね三メートル程度の高い土地が連なったさまは、デジタル標高地形図など高さを色分けした図で見ると圧巻だ。

特にこの落差は南砂町駅の南北で著しく、駅から北側への道は明らかな坂道として下っている。ちなみに「砂」の中で最も新しい新砂は最低でも二メートル台、マンションの建ち並ぶエリアでは標高三メートル台後半なので、マイナス三メートル

東陽三丁目交差点。川島雄三監督の映画「洲崎パラダイス　赤信号」(昭和31年）でもその名を知られる洲崎遊郭の跡地だが、現在、その面影はない。明治時代、帝大生を誘惑から遠ざける目的で、根津の遊郭を洲崎に移動させたのが始まりだった

近くの南砂三丁目、マイナス二～三メートル程度の南砂四丁目に比べると五メートル以上もの標高差が生じている。

東陽には洲崎遊郭があった

南砂の西端は南北に走る明治通りであるが、さらに西側にあるのが東陽（とうよう）という町。この地名も昭和四二年（一九六七）に「町」を外されたが、今でも東西線の駅名は東陽町の旧称を名乗っている。この東陽のエリアのうち南西側、旧洲崎（すさき）川の南側が東陽一丁目で、ここは同年まで洲崎弁天町（すさきべんてんちょう）と称していた。このエリアは元禄年間（一六八八～一七〇四）に埋め立

てられて「深川洲崎十万坪」と呼ばれ、魚の養殖などが行われていたという。

そこへ明治二一年（一八八八）に本郷区の根津から遊廓が移転してきた。根津に近い東京帝国大学の学生を「誘惑」から守るためとされている。四角い遊廓の構造は新吉原に似ており、水路と海で距てられた埋立地のまん中には大通り、そして端には病院が設けられた。標高は〇からマイナス一メートルという、古い埋立地ならではの低さが目立つ。デジタル標高地形図でこのエリアを概観すると、東隣の東陽二丁目はおおむね二メートル台、西隣の木場六丁目が一メートル内外なので色が明らかに違い、埋立地としての長い歴史を物語っている。

洲崎遊廓は昭和三三年（一九五八）施行の売春防止法によりその筋の長い歴史を終え、今ではかすかな往時の名残の建物などを除けばふつうの住宅地と見分けがつきにくい。この「別天地」の大通り正面へ通じるゲートであった洲崎橋も、今は洲崎川が緑道公園となって消滅、「洲崎橋南」の交差点にその名残をとどめるのみである。旧町名を名乗るものとしてはエリアの南東端にある都営洲崎弁天町アパートくらいだろうか。

第3章

山の手・西北編

新宿・大久保

地形 VIEW point

❶東京都庁
海抜約40メートルと、山手線沿線ではほぼ最高所の高台にある。明治から昭和にかけて、その高さを生かし、淀橋浄水場があった。

❷歌舞伎町
明治26（1893）年の淀橋浄水場建設時の土で埋め立てられた。かつて、一帯は大村藩（長崎県）の下屋敷で、コマ劇場跡付近にあった沼では鴨猟が行われていた。

❸ゴールデン街
小さなバーが密集する一画。北は新宿七丁目から大久保にかけての窪地、南は尾根筋である新宿通りが通る。わずかだが、東に向けて低くなっている。

❹厳島神社
平安時代である応徳3（1086）年、この地に立ち寄った源義家が戦勝を祈願した場所とされる厳島神社。高台なのでここから富士山も望めた。

❺大久保
大久保付近は蟹川（かにがわ）によって生まれた広大な窪地。名前も窪地に由来する、という説がある（大久保姓にちなむ、とも言われる）。

西武新宿線
神田川
高田馬場駅
東京メトロ東西線
東京メトロ東西線
高田馬場四丁目
高田馬場一丁目
JR山手線
東中野五丁目
西早稲田駅
北新宿四丁目
大久保三丁目
JR中央線
百人町三丁目
北新宿三丁目
新
宿
大久保二丁目
大久保駅
新大久保駅
東京メトロ副都心線
百人町一丁目
大久保一丁目
都営地下鉄大江戸線
歌舞伎町二丁目
東新宿駅
西新宿八丁目
東京メトロ丸ノ内線
西武新宿駅
歌舞伎町
蟹川
西新宿駅
東京メトロ丸ノ内線
花園神社
ゴールデン街
東京医科大病院
新宿駅
新宿三丁目
都庁前駅
新宿駅
新宿三丁目駅
東京都庁
西新宿一丁目
西新宿四丁目
文化女子大学
京王線
小田急線
代々木駅
至千駄ケ谷駅
1
2
3

新宿・大久保——大久保で「窪」を探せ！

山手線の最高「地盤」は新宿駅

山手線の駅の中で最も「地盤」が高い駅は新宿駅である。細かいことを言えば線路が最も高い駅は高架線上の代々木駅、それ以外の場所も含めれば新宿～新大久保間で中央線（快速上下線・緩行上り線の計三線）を跨ぐ線路が最高地点だ。ちょうど西武新宿駅を俯瞰するところで、標高は四十数メートルに達する。

最も地盤の高い新宿駅南口には甲州街道が線路を跨いでおり、山手線の外側は、道の南端に渋谷区との区境が存在する。ところが、山手線の内側でこの境界線は甲州街道を斜めに突っ切っている。今の地図からは不可解な線にしか見えないが、かつてはこのルートを玉川上水が流れていたのだ。玉川上水は、ほぼ平坦な武蔵野台地の「尾根」をうまく通したため、その両側に分水できるようになっているスグレモノの用水だ。そもそも上水というものは、なるべく遠くまで標高を落とさずに水を運ぶのが至上命題である。江戸のなるべく広い範囲に自然流下で水を行き渡らせるためには、武蔵野を縦断する山手線における最高地点を通すのが最適なのであるが、約四〇〇年も昔の江戸初期の技術者はそれを知っていた。

「淀橋」地名が大出世

東京都区部の下末吉面（しもすえよしめん）としては最も広い面積をもつのが淀橋台（よどばしだい）であるが、それがいつ命名されたのだろうか。筆者は存じ上げないが、おそらく淀橋区が存在した時代ではないだろうか。新宿で「ヨドバシ」と聞けば、現代人はこの地で創業したヨドバシカメラを連想する程度かもしれないが、現在の新宿区西部は昭和七年から二二年（一九三二〜四七）まで淀橋区であった。同区と牛込（うしごめ）・四谷（よつや）の三区が合体して今の新宿区が誕生している。その後も新宿区淀橋という町名は青梅（おうめ）街道の成子坂下（なるこざかした）以南を中心にしばらく残っていたのだが、それも昭和四五年（一九七〇）に住居表示の実施に伴って西新宿の一部となり、地名としては完全に消滅した。

この地名にはもともと青梅街道の神田川に架かる淀橋（今も大きく拡幅されて現存）

に近い街道沿いの狭いエリアに名付けられたものであったが、明治二二年（一八八九）に町村制が施行された際、角筈村と柏木村が合併して新自治体・淀橋町が誕生した。さらに昭和七年（一九三二）には現在の二三区に近い広いエリアが「大東京市」に編入されることになり、淀橋町と大久保町・落合町・戸塚町の四町が合併して新区が誕生したのだが、そこにやはり淀橋の名が採用されて淀橋区となった。淀橋の地名はまさに「大出世」を遂げたのである。

大久保に「窪」はあったのか

さて、旧淀橋町の東に隣接していた大久保町であるが、大久保の地名は文字通りの窪地に由来するという説と、大久保姓にちなむという説がある。中央線の駅名に大久保が採用されたために、一般にはかつての大久保の村よりずっと西のイメージとなっているようだが、参考までに大久保駅・新大久保駅（山手線）ともに現在の所在地は大久保ではなく百人町一丁目だ。

地形説に従うとすれば、具体的な「大きな久保」がどこかは命名者に聞かなけれ

旧コマ劇場の裏を蛇行する花道通り。蛇行する道には、先がどうなっているかを知りたくなる、歩きたくなる魅力がある

ばわからない。しかしかつての東大久保村・西大久保村がカバーしていたエリアの地形を観察すれば、神田川の支流であった蟹川が削った谷間の他になさそうだ。この川は西武新宿駅付近を源流に旧コマ劇場の裏手を東流（歌舞伎町一丁目と二丁目の境界）し、かつて都電の車庫があった新宿文化センター（現在の新宿六丁目）から北へ転じて大久保通りを過ぎていたが、この一帯は明らかな窪地で、大久保の起源がここであると判断すれば自然だ。現在では「新宿七丁目」などという地価高騰を企図したかのような町名となっているが、本来の新宿とはかけ離れ

ており、江戸期からおおむね昭和五三年（一九七八）まで続いた伝統ある東大久保という地名の方がふさわしいのは言うまでもない。ちなみに蟹川はその後、東戸山小学校の北側から戸山公園に沿って早稲田大学戸山キャンパスから馬場下町交差点付近で神田川の沖積地へ入っていく。

　さて、大久保起源の地と比定してみたい東大久保二丁目（現新宿七丁目）付近には、かつて「砂利場」という珍しい名前の小字があった。蟹川流域のこの一帯に江戸期に「砂利取場御用地」があったことに由来する。その土地が後に開墾されて「東大久保砂利取場跡新田」という長い名前の新田となり、明治六年（一八七三）まで続いた後は東大久保村の字砂利場となったらしい。

　ちなみにこの砂利場改め新宿七丁目あたりの最低標高は二二メートルしかなく、新宿三丁目の三七メートル、新宿駅の三八メートルなどと比べてはるかに低くなっている。新宿区では旧牛込区のエリアを中心に地名を保存する運動が起きたことにより、現在でも江戸以来の地名がいくつか残っていてまさに「快挙」であるが、残念ながらその動きが大久保に及ぶことはなかった。安易に地名を変えると、地形が

大久保の地名発祥の地とすれば自然な窪地。明確に低くなっており、歴史を物語る「砂利場」の小字が中央下端に見える。中央右手の箱根山は山手線内で最も高い場所。北側の陸軍戸山学校練兵場の一帯とともに現在は戸山公園になっている。1:10,000地形図「早稲田」明治42年測図＋「四谷」明治42年測図

ますます縁遠いものになってしまうのだが……。

渋　谷

地形 VIEW point

❶三田用水
かつて三田用水は、笹塚から渋谷・目黒を経て三田方面へ流れていた。すでに廃止されたが、そのラインに沿って走る旧山手通り沿いにその面影を見ることができる。

❷松濤
東京を代表する高級住宅街の一つとして有名な松濤（しょうとう）はやはり海抜25〜35メートルの高台にある。その一角にある鍋島松濤公園の池は、宇田川の水源の一つ。

❸渋谷西側の住宅街
鉢山町、鶯谷町など、坂道の多い一帯は、淀橋台西側の尾根線。かつては渋谷川沿いの水田に水を供給する鉢山分水が流れていた。

❹金王八幡宮
明治通りから路地に入り、坂を上りきった高台にある金王八幡宮（こんのうはちまんぐう）。参道がわずかながら窪んでいるのは、明治時代に埋め立てられた黒鍬谷（くろくわだに）の名残。

❺渋谷川（穏田川）
原宿、神宮前はかつて穏田（おんでん）と呼ばれる農村地帯。その一帯を、穏田川が流れていたが、開発とともに失われていった。住居表示でも消滅した名前だが、商店街や橋（親橋のみ）の名称などに穏田の名が残る。

渋谷区
代々木公園
原宿駅
代々木八幡駅
代々木公園駅
東京メトロ千代田線
国立代々木競技場
NHK放送センター
渋谷川（穏田川）
1
三田用水
2
松濤
教養学部
宇田川町
渋谷駅
京王井の頭線
神泉駅
渋谷西側の住宅街
東急田園都市線
北沢川
目黒川
小田急小田原線
河骨川
宇田川
元代々木町
富ヶ谷一丁目
神山町
松濤一丁目
松濤二丁目
円山町
道玄坂
駒場一丁目
大橋二丁目
大橋一丁目
青葉台四丁目
青葉台三丁目
南平台町
鉢山町
乗泉寺
猿楽町
東海大学

渋谷——谷筋の二つの川を歩く

渋谷の地下鉄は三階にある

渋谷（しぶや）という地名にはいくつかの説がある。地形説では「徐々に幅が狭まる谷（シボム、スボマル等と同源か）」、また、シブが「水さび」を意味するとして「水さびのある湿地」。人名説では坂東平氏系の渋谷氏にちなむという説もある。渋谷氏は武蔵国の谷盛庄（やもりのしょう）七郷（渋谷・代々木・赤坂・飯倉（いいぐら）・麻布（あざぶ）・一ツ木（ひとつぎ）・今井）を領していたとされ、中でも源義朝の侍童をつとめた渋谷金王丸（こんのうまる）は知られている。当地には金王八幡宮もあって知名度は高く、昭和四一年（一九六六）まではこの神社にちなむ金王町も存在した（現渋谷区渋谷の一部）。それはともかく、一般に姓氏と地名のどちらが先かはしばしば難問となる。要するに「渋谷に住んだから渋谷氏」なのか、それとも「渋谷氏が住んだから渋谷」なのか、卵か鶏かの難問だ。

いずれの説を採るにせよ、渋谷が谷の地形であることは厳然たる事実である。東

地上を走る銀座線。地下鉄の中で最も歴史ある銀座線が、平成24年（2012）に完成したばかりの「渋谷ヒカリエ」の脇を走る

京メトロ銀座線が地上を走るのはここだけ（車庫を除く）だが、淀橋台（よどばしだい）の尾根にあたる青山通りの直下を走ってきた電車が、そのまま西へ行けば自然に地上に出るのは当然で、そのまま山手線の上にたどり着く。戦前の話だと思うが、渋谷駅で地方出身者に「地下鉄はどちらですか」と尋ねられた人が「三階へどうぞ」と答えたところ、「田舎者だと思って馬鹿にするな！　地下鉄が地下を走ることぐらい知ってる」とえらい剣幕だったという。そんな「伝説」も立体的な地形ならではのエピソードだろう。

渋谷川を探す「暗渠歩き」と「廃川歩き」

この谷を穿(うが)って流れているのが渋谷川で、渋谷駅付近で西から合流していた支流が、町名にもなっている宇田川(うだがわ)である。その川と合流するまでの渋谷川上流部は穏田(おんでん)川とも呼ばれていた。しかしいずれも今となっては暗渠(あんきょ)化などで姿を消している。下水道になっている区間もあるが、流れる行き先は必ずしも流域と一致していないらしい。ちなみにこの川は天現寺橋(てんげんじばし)を過ぎてかつての東京市内（港区）に入ると古川(ふるかわ)と名を変え、浜松町(はままつちょう)の南側の首都高速道路・浜崎橋(はまざきばし)ジャンクション付近で東京湾に注ぐ。

渋谷川の本流たる穏田川の源流は新宿御苑(しんじゅくぎょえん)の北西から南東方向に並ぶいくつかの池の末端から流れ出るもので、現在ではその河道跡はキャットストリートという名の遊歩道として親しまれている。ところどころにかつての橋の親柱(おやばしら)などの遺構もあり、観察しながらたどればなかなか興味深い「廃川(はいせん)歩き」が可能だ。

穏田川の支流のひとつが明治神宮の南池を源流とするかつての「南の池川」で、

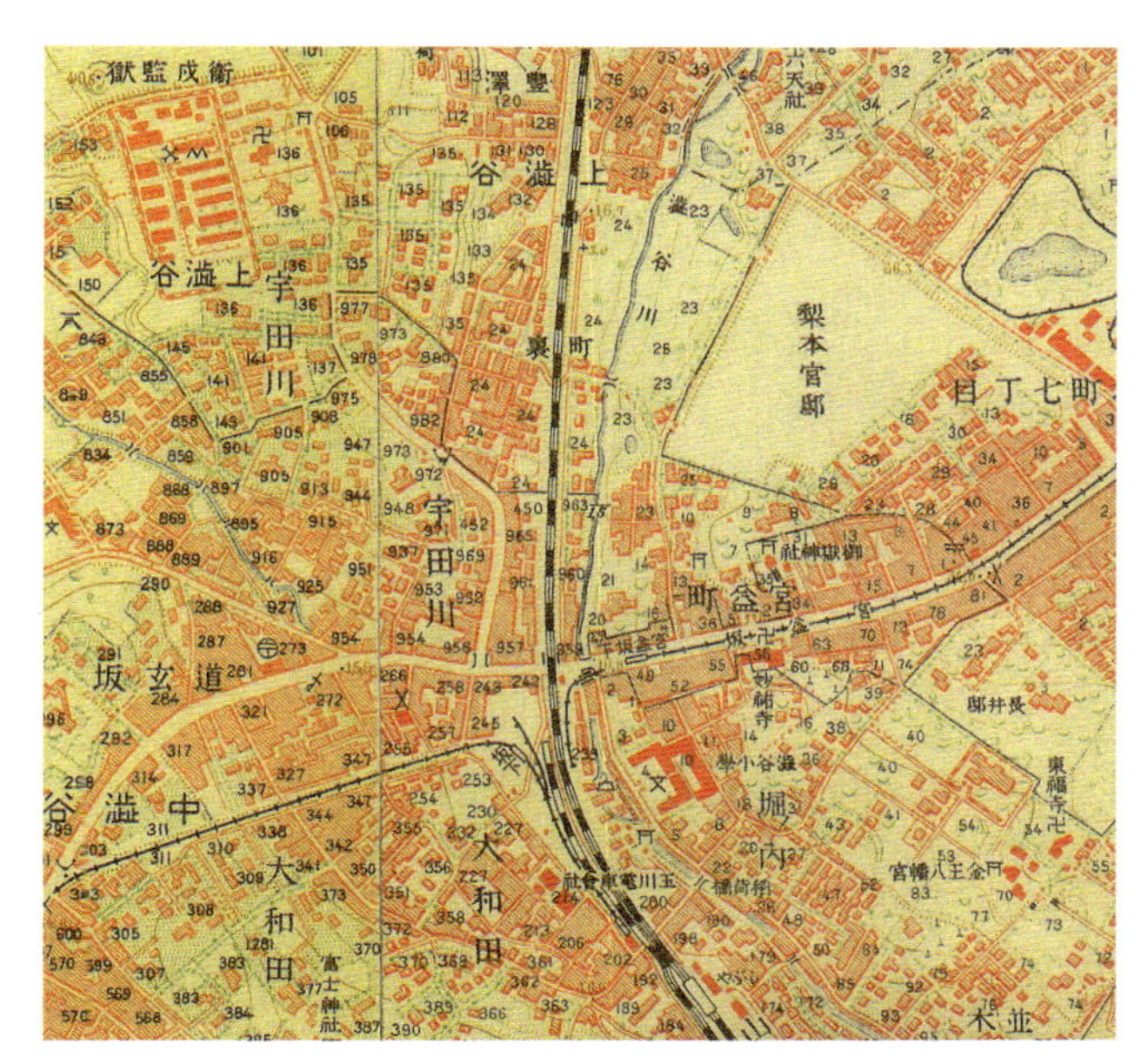

渋谷川の谷に発達した渋谷の街。南流する渋谷川は穏田川とも称する本流で、現在は蓋をされてキャットストリート。渋谷駅はまだ大正９年（1920）に移転する前の旧位置。1:10,000地形図「三田」大正５年（1916）修正＋「世田谷」大正５年（1916）修正

竹下通りの裏手に続く「ブラームスの小径（こみち）」を経由して東流、穏田川に注いでいた。この谷の一帯がかつての竹下町で、竹下通りはその名残である。元は上渋谷村（かみしぶやむら）の飛地（とびち）で、溜池であった南池から流れ出るこの支流が潤す谷は田んぼであった。しかし明治末頃の地形図では荒れ地となっ

ており、その後は急速に宅地化が進んで商店も並ぶことになる。

昭和三年（一九二八）までは渋谷町大字上渋谷字竹下と称したエリアはその後東京市編入時に竹下町となったのだが、同四〇年（一九六五）に住居表示が実施されて付近の原宿や穏田と一緒に「神宮前」という安易な町名が設定されて今に至っている。

宇田川を遡り代々木八幡へ

渋谷駅付近で渋谷川に合流していた支流の宇田川は、甲州街道以南、代々木公園以西の渋谷区内一円を流域としているため、いくつもの小さな支流があり、それらが淀橋台の台地を長年にわたって刻み、複雑な谷を形成することとなった。渋谷駅の方から遡れば、井ノ頭通りの西側に並行する遊歩道がかつての宇田川で、NHK放送センターの西玄関を出て坂を下ればこの遊歩道に出るのでわかりやすい。これを遡れば小田急線の代々木八幡駅である。

新宿から登戸あたりまで比較的まっすぐなルートを通る小田急線が、唯一ここだけ急カーブしているのは、谷に沿って線路を敷くことで代々木八幡の山を避けたからだ。もしここをまっすぐ通すなら長い築堤または大規模な切り通しが必要となったはずである。谷が落ち合った地点に代々木八幡駅があるため、プラットホームは大きくカーブしている。

三田用水は渋谷・目黒区境を走る

渋谷の広い谷の西側には神山町、円山町、桜丘町、南平台町、鉢山町、代官山町など山のつく地名が並ぶ。これらを結んで淀橋台西側の尾根を流れるのが三田用水で、ルートは笹塚付近の玉川上水から分水してほぼ渋谷・目黒区境を流下する。このあたりの区境が妙に滑らかなのは、淀橋台西部の北西〜南東にかけてこの用水が穿たれた尾根線に従ったからであろう。これに沿って走るのが旧山手通りだ。

三田用水は目黒駅付近から東へ折れて白金台から高輪を経て三田に至るが、よくぞここまで高い所を見つけてコースを選んだものだと感嘆してしまう。寛文四年（一六六四）に掘削された当時のプロの技に、現在の素人が驚いていたら失礼かもしれないけれど。

目白・落合

地形 VIEW point

❶旧目白文化村
大正末に中流以上向けの郊外住宅地「文化村」として分譲された一帯。高台に、近代的な洋風住宅が軒を並べていた。分譲したのは、のちに西武グループを作った堤康次郎（つつみやすじろう）率いる箱根土地株式会社。

❷落合一の坂～八の坂
中井駅付近の低地から、台地に沿った南側斜面に、ほぼ平行に並ぶ８本の坂がある。付近は古くからの住宅地。

❸神田川、妙正寺川
妙正寺川は、下落合駅の東で神田川と落ち合い、合流していたが、度重なる水害のため改修が行われ、現在はここで合流せずトンネルを東進、都電面影橋電停に近い高戸橋付近で合流している。

❹近衛町（このえちょう）
明治後期、公爵である近衛家が、目白駅近くの神田川を南に見下ろす落合村の高台に移転し屋敷を構えたのが由来。大正末に高級住宅地として分譲された。

西武池袋線
谷端川
椎名町
南長崎四丁目
南長崎二丁目
落合南長崎駅
おちあいみなみながさき
山手通り
旧目白文化村
1
落合三丁目
中落合二丁目
中落合四丁目
環状六号線
不動谷
2
落合一の坂～八の坂
中落合一丁目
新目白通り
妙正寺川
中井二丁目
一の坂
二の坂
三の坂
四の坂
五の坂
六の坂
七の坂
八の坂
都営地下鉄大江戸線
西武新宿線
下落合駅
中井駅
なかい
上落合一丁目
上落合二丁目
水再生センター
東京
東京メトロ東西線
落合駅
おちあい
東中野五丁目
東中野三丁目
神田川
北新宿四丁目
ひがしなかの
東中野駅

目白・落合――二つの川が「落ち合う」場所に

落合という地名は、大字レベルだけでも全国に五十数か所もあり、小字を含めればその何倍かにのぼるのは間違いない。全部調べたことはないが、その多くが二つの川が文字通り「落ち合う」ところに名付けられている。アイヌ語由来の地名が多くを占める北海道の山中にあっても、たとえばJR根室本線の落合駅がある落合はやはりシーソラプチ川とルーオマンソラプチ川が合流することに由来しているが、これも命名に「和人流」を貫いたということであろう。ソラプチは空知の原形であるが、本来「どしゃどしゃ落ちる」といった早瀬の川を指す。「シー」は本流だからシーソラプチ川とは要するに空知川本流のことだ。

話が逸れたが、新宿区の落合もやはり神田川とその支流・妙正寺川（井草川）が実際に落ち合っている。いやかつては落ち合っていた。過去形なのは、大雨による浸水被害を防ぐため平成に入って行われた「瀬替え」工事のためだ。現在の妙正寺川はかつて合流していた西武新宿線の下落合駅東方で、神田川と近づきながらも合流せずトンネルに入り、新目白通りの下を暗渠でまっすぐ東進、明治通りとの交差点の高戸橋（高田と戸塚を結ぶ意）のところで落ち合っている。

落合の地名はかつては上落合・下落合の二種類だけであったが、昭和七年（一九三二）にこのあたり一帯が大東京市淀橋区となった際にそれまでの葛ヶ谷が西落合と改称され（西落合の妙正寺川西側のみ旧上落合）、さらに昭和四〇年（一九六五）に中落合が誕生して「落合ファミリー」は拡大した。駅でいえば下落合駅のおおむね東側が下落合、西側が上落合・中落合。西落合は新宿区最北端の地で、町内には都営地下鉄大江戸線の落合南長崎駅ができた。

本来ならここは葛ヶ谷のエリアなので、もし昭和七年以降もその歴史的地名を名乗っていたとすれば、駅名も「葛ヶ谷南長崎」になったかもしれない。さらに南長崎も旧地名に従えば現在の南長崎四丁目あたりは椎名町六丁目などに該当するので、駅名は「葛ヶ谷椎名町」だろうか。ちなみに椎名町は江戸期の小地名に由来し、西武池袋線の駅名に今も残ってはいるものの、町名そのものは昭和四一年（一九六

林芙美子記念館は「四の坂」下にあり、記念館入口を出た先には、急階段が切り立っている。周辺は関東大震災後に建った邸宅街だったが、現在ではほとんどが建て替わった

六）に消えてしまった。同二三年に帝国銀行椎名町支店で何人もの行員が毒殺される「帝銀事件」が起きたために悪い印象が広まり、そのことも町名消滅の一因となったそうだ。

川の北側は戦前からのお屋敷町

妙正寺川〜神田川の北側は豊島台（としまだい）にあたる標高三〇メートル台の平坦面で、川沿いの一一〜一三メートルとは二〇メートル内外の大きな標高差がある。台地上は戦前からのお屋敷町で、目白駅の西側の通称「近衛町（このえちょう）」にはかつて近衛家の広大な邸

田んぼが広がっていた神田川沖積地の北側にそびえる台地には、山手線の東側に学習院、西側に近衛邸があった。その後近衛邸は分譲されて住宅地となっている。1:10,000地形図「早稲田」明治42年（1909）測図

宅があり、関東大震災前年の大正一一年（一九二二）に分割、分譲された。その北側を東西に通るのが目白通りである。近衛町の一帯は「豊多摩郡（とよたまぐん）落合町大字下落合字丸山」で、その後も近衛町が正式名称になったことは一度もないが、それでも高級住宅地イメージから現在のマンション名にもたとえば「近衛町

ビレッジ」「パークコート目白近衛町」などのように数多く採用されている。

その台地の南端にはいくつも細かい谷が刻まれており、台地の南斜面には貴重な緑地も点在している。おとめ山や野鳥の森公園など保全されているものもあるが、薬王院（やくおういん）付近で民間業者がマンション的な「長屋」の建設を進めようとしたところ、地元を中心として緑を守るためのトラスト運動（下落合みどりトラスト基金）が起こり、その動向が注目されている。

椎名町の水田を谷端川が潤していた

新目白通りは尾根を行く目白通りとは対照的に神田川の谷をまっすぐ西進、下落合駅の西側から向きを西北西に転じる。台地の端を刻む不動谷の西隣に大規模な切り通しを穿（うが）ちながら台地を上り、切り通しの途中では台地上を行く山手通りをアンダーパスしている。西武池袋線の椎名町駅付近には旧谷端（やばた）川の浅い谷が大きく蛇行しているが、高度差が小さいためデジタル標高地形図でも判別しにくい。それでも明治大正期の旧版地形図には純農村であったこの地域を蛇行する川が描かれており、その周囲が水田であったことも読み取れる。

谷端川は東京メトロ有楽町線千川(せんかわ)駅の北側から南流して椎名町駅を通り、ここで北に向きを変えて有楽町線要町(かなめちょう)駅から東武東上線下板橋(しもいたばし)駅付近へと進み、今度は南東流して山手線の大塚駅を経て、その後は小石川と名を変えて水道橋付近で神田川に注ぐという、屈折甚(はなは)だしいルートをたどっていた。

近衛町の台地から山手線を隔てて向き合っている台地が学習院大学の載っている台地である。標高は近衛町とほぼ同じ三二メートル内外で、一二～一四メートルに過ぎない神田川の沖積低地(ちゅうせきていち)より二〇メートルほど高い台地だ。かつては高田村の畑や雑木林、それに数軒の家屋が並んでいたが明治四一年（一九〇八）八月に四谷尾張町(おわりちょう)（現在の初等科の場所）から学習院が移転してきた。その当時の院長が乃木(のぎ)希典(まれすけ)（在任明治四〇～大正元年）である。当時は宮内省所轄の官立（国立）学校で、主に皇族と華族のための教育機関として特別な地位にあった。

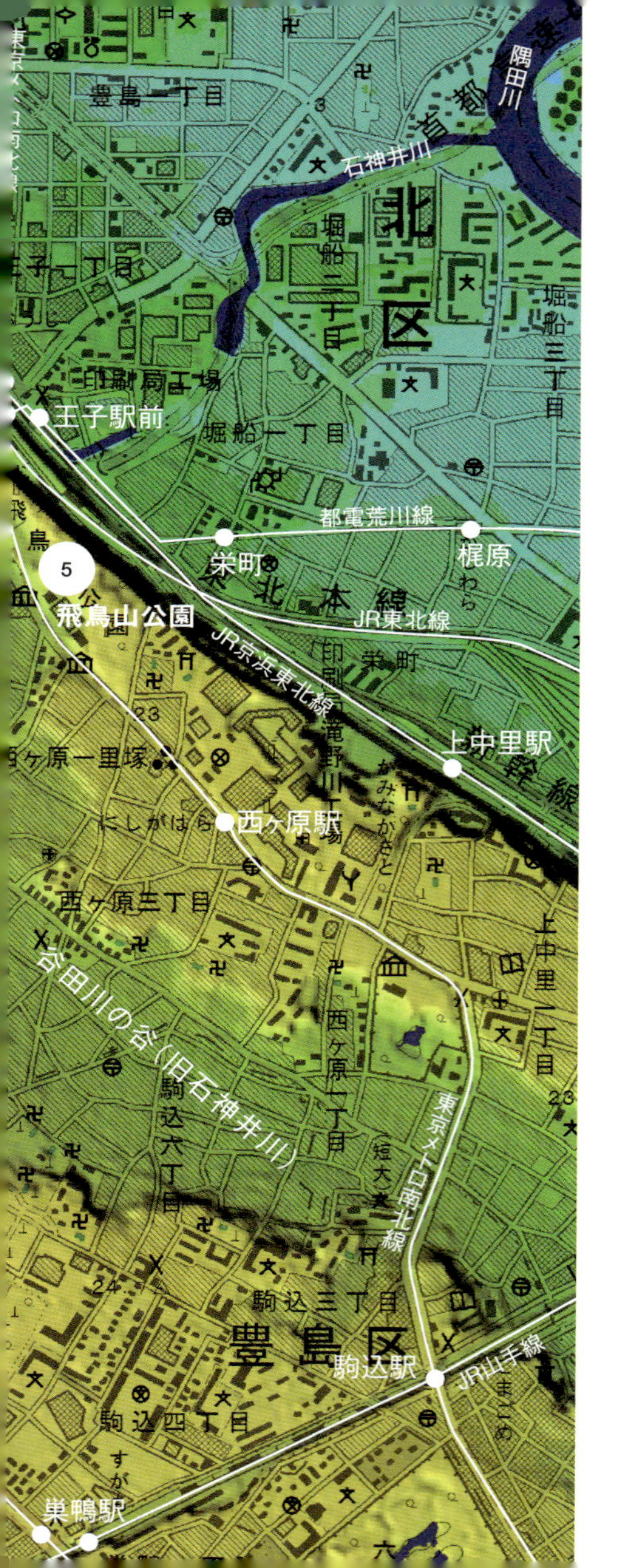

王子・滝野川

地形 VIEW point

❶きつね塚

JR板橋駅近くの旧中山道から中山道方面に続く通りに、「きつね塚通り」という商店街がある。中山道沿いの消防署のあるところに、かつて「きつね塚」があったのが由来。消防署脇の急な下り坂は「狐塚の坂」。

❷石神井川

小平市を水源、石神井公園の三宝寺池も水源とし、隅田川に合流する。滝野川、音無川とも言われ、王子付近では、深い渓谷を形成し水流も急だった。昭和30年代から護岸工事や河川改修が行われた。

❸王子神社

石神井川沿いの台地上に建つ古社。王子権現として知られる江戸名所。境内には東京都指定天然記念物である大イチョウがある。

❹音無親水公園

音無川とも呼ばれる石神井川のかつての流路を整備した公園。河川改修で暗渠になり失われた、江戸の景勝の地であった王子の渓谷の風景を再現し、昭和63年に開園した。

❺飛鳥山公園

武蔵野台地東縁が荒川低地に接する海食崖上にあり、その崖下にはJRの線路が通る。山頂は標高25.4メートル。八代将軍吉宗が、江戸庶民の行楽の地とするため、この地に桜を植えたのが花見の名所の始まり。

十条駅
上十条一丁目
陸上自衛隊十条駐屯地
王子本町二丁目
東京家政大学
養護学校
養護学校
王子神社
3
音無橋
4
音無親水公
2
石神井川
1
きつね塚
板橋四丁目
JR埼京線
新板橋駅
滝野川二丁目
飛鳥
滝野川三丁目
滝野川一丁目
都電荒川線
板橋駅
滝野川六丁目
西巣鴨駅
西ヶ原四丁目
滝野川七丁目
大正大学
巣鴨五丁目
明治通り
新庚申塚
白山通り
上池袋四丁目
西巣鴨二丁目
庚申塚
都営地下鉄
西巣鴨一丁目
巣鴨四丁目
がん研究所
巣鴨新田
巣鴨三丁目
北大塚三丁目
JR山手線

王子・滝野川――地形の歴史は石神井川とともに

　ＪＲ上野駅から京浜東北線の電車で北へ向かうと、右手は低地、左手は崖（擁壁）という車窓が赤羽を過ぎるまで延々と続く。地図で見れば、崖下に線路を敷くためにわざわざ成形したのか、と見まがうほどスムーズな崖のラインが印象的だ。これは縄文海進期に打ち寄せていた波と沿岸流が長年にわたって削った海食崖で、その崖が一部途切れたところが王子である。

　王子は中世までまさに海食崖の地形にぴったりの「岸村」と呼ばれていた（今でも王子の北側は岸町）。そこへ紀州牟婁郡から熊野若一王子を勧請して社を建立したことから王子という村名が付いたとされている。王子権現（王子神社）が勧請された年代は不明というが、康平年間（一〇五八～六五）に八幡太郎義家が奥州征伐の際に金輪寺を建立してその際に社頭に甲冑を奉納したとの伝説もあり、いずれにせよ歴史のある土地である。

石神井川がつくった製紙業の街

海食崖の上にある王子神社から南側を俯瞰（ふかん）したところを流れるのが石神井川（しやくじいがわ）で、デジタル標高地形図を見れば、この流れが海食崖を突き破ったような形で隅田川へ流れ込んでいるのがわかる。石神井川を取り囲んで緩く蛇行している浅い谷間はその流れとは別に南東へ向かい、不忍池（しのばずのいけ）あたりまで続いている。

このメインの谷の地形と石神井川の流れが不一致なのは、ある時点で海食崖が切れたからだ。崖が切れたのは縄文海進期に波がひた寄せていた時期らしく、徐々に薄くなっていたネックの部分が台風か何かの大波が来た際についに崩れ、崩れた向こう側の谷の崖のすぐ近くを流れていた石神井川が、その後おそらく増水した時に溢（あふ）れ、水路が一気に現在の流れに変わったのだろう。かつては中世あたりに人工的に開削（かいさく）したという説もあったが、最近の地質調査で自然に切れたことがほぼ確定したという。

この流路変更で急に落差を生じた石神井川は流速を上げてせっせと峡谷を刻んで

ゆき、音無橋からのぞき込むと意外に深い「音無渓谷」を形成した。その急流を称したのが滝野川の地名とされている。ちなみに古語で言う「滝」は現代語とは違い、急流を意味する（滝は「垂水」と呼んだ）。

豊富で安定した水量があったがゆえに製紙業の適地となり、明治の昔から紙幣を印刷する印刷局や王子製紙が工場を構えた。かつて蛇行していた石神井川の下流も河川改修が進んで直線化され、今では旧河道も公園としてその名残をとどめる程度になっている。石神井川の水はかつて音無橋の下をくぐっていたが、今ではトンネルでショートカットされて花見の名所・飛鳥山の下をくぐるようになった。

音無親水公園。古くからの景勝の地であった石神井川＝音無川の流れが河川改修で失われたことを惜しみ、親水公園としてそれを再現。夏は、子どもたちが水遊びを楽しむ

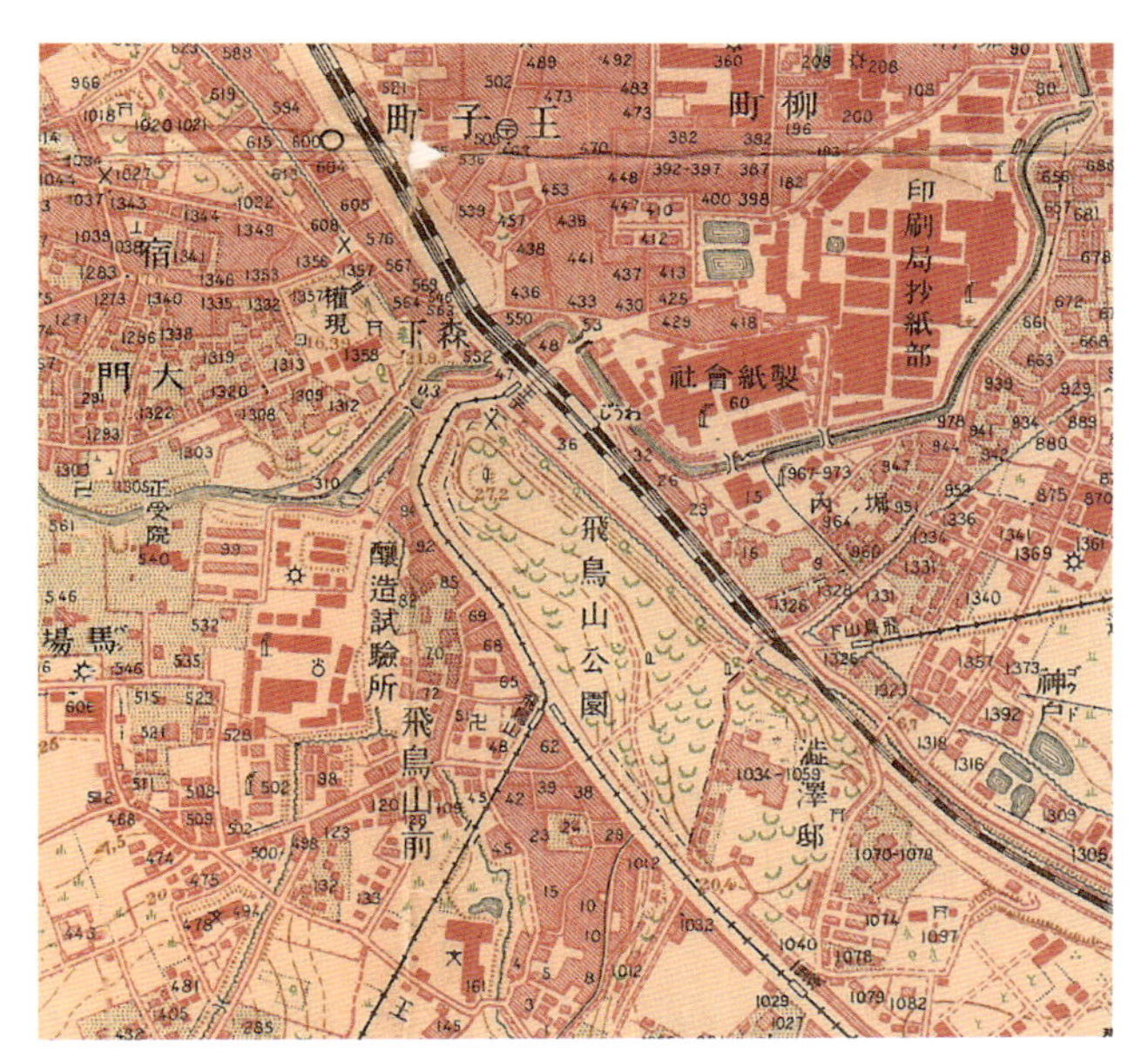

石神井川がある時点で海食崖を突き破ったとされているのが王子。この場所に製紙工業が興ったのは必然だろう。当時の王子電気軌道（現都電荒川線）は王子で途切れていた。1:10,000地形図「王子」大正10年修正

この石神井川の谷を渡っている線路がいくつかあるが、王子では都電荒川線の庚申塚（こうしんづか）から飛鳥山、そして王子駅前というコースがアップダウンに富んでいる。庚申塚は旧中山道との交差地点で、旧来の街道の多くがそうであるように台地の「尾根線」にあたる。標高が最も高いのは国道17号との交差地点にある

飛鳥山上から本郷通りの急勾配を下っていく都電荒川線。この区間は専用軌道でなく、自動車と並走する点でも都電にとっての「難所」である

新庚申塚停留場で、約二七メートル。ここから電車は徐々に谷へ下り、滝野川第三小学校の裏手で一四・三メートルまで下がり、そこからは少しばかり坂を上って標高一五メートルの飛鳥山交差点に至る。飛鳥山公園の正門のあるところだ。公園の最高地点はさらに高く二五・四メートルに達する。飛鳥山から崖下の眺めは、江時代から有名な花見の名所だった。今は甍の波となった尾久なども、かつては見渡す限りの田んぼと点在する農村で、その向こうをゆったり流れる隅田川（当時は荒川本流）が一望のもとに見渡せたはずだ。

碓氷峠と同じ急勾配を走る

飛鳥山交差点の手前から、都電荒川線としては珍しく道路上を走る区間で、ここから王子のJR線をくぐるまでの坂道は東京都の鉄道・軌道としてはケーブルカーなどを除いて最急勾配の六七・〇パーミル、かつて国鉄最急勾配でアプト式（歯のついた軌条に機関車の歯車を噛み合わせる方式）を採用した碓氷峠とほぼ同じである。この急勾配で王子駅前停留場まで短区間で標高六メートルまで下がっていく。

さて、石神井川という「大旦那」を失った王子から下流部の谷の話であるが、主が不在の広い谷のまん中を、現地の湧水などを集めてちょろちょろ流れていたのが谷田川で、これを下流では藍染川と呼んだ。この谷では明治中期から大正にかけて急速に宅地化が進んだが、いつもは穏やかな細流も一旦集中豪雨などがあればたちまち溢れ、周囲に大きな被害を与えたという。

その対策として、東京市はこの川の水を三河島村を経て隅田川へ流す藍染川排水路を企画し、大正七年（一九一八）に完成した。その排水路にぴったり沿って敷かれた線路が京成電鉄の日暮里の先の新三河島駅付近から隅田川橋梁までの区間である。現在水路は暗渠化され、藍染川通りなどとなっている。

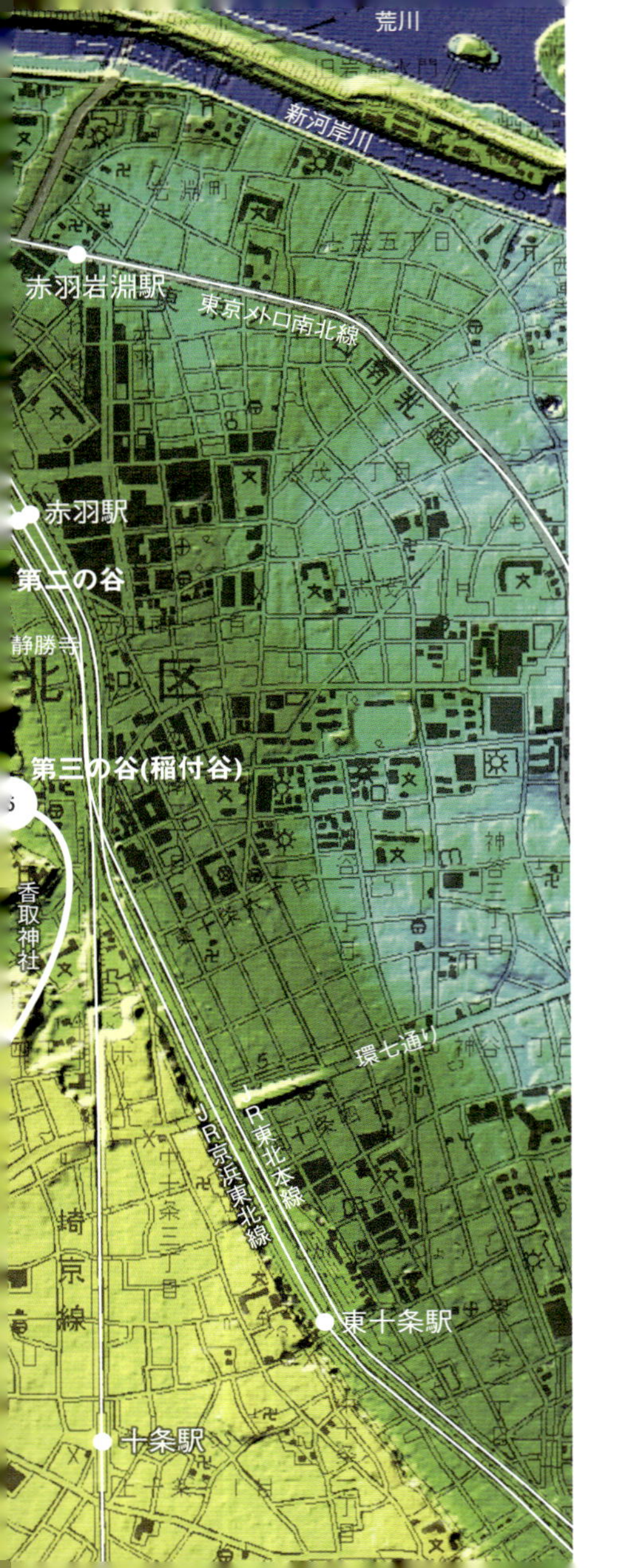

赤羽・西が丘

地形 VIEW point

❶八幡神社のある台地
武蔵野台地の東北端にあたり、その向こうには荒川の低地が広がっている。台地の突端にあたる岬状の地点に八幡神社がある。

❷第一の谷（八幡谷）
八幡神社のある台地の足元に広がる谷。谷の中の窪地は赤羽台公園、赤羽緑道公園があり、両側の台地上には団地が広がっている。

❸第二の谷
赤羽駅前から赤羽自然観察公園方面へと伸びている谷。谷の中ほどには弁天通り、その北側は赤羽台団地、南側の台地の突端には16世紀に築城された山城の跡である稲付城址・静勝寺（じょうしょうじ）がある。

❹赤羽自然観察公園
第二の谷の突端部に広がる窪地で、以前の自衛隊十条駐屯地の一部を整備した公園。緑の多い園内には湧水があり、バードウォッチングのできる池、移築された農家や水田などがある。

❺第三の谷（稲付谷）
細長い谷と台地が入り組み、各台地の突端には香取神社、法真寺（ほうしんじ）、普門院といった寺社が、窪地にも鳳生寺（ほうせいじ）という寺が立地する。台地の突端の稲付公園（いなつけこうえん）は、講談社創業者の野間清治（のませいじ）別邸のあった場所。

八幡神社のある台地
JR埼京線
JR東北新幹線
新河岸川
桐ヶ丘団地
第一の谷(八幡谷)
赤羽緑道公園
赤羽台団地
軍用引込線
赤羽自然観察公園
法
鳳生寺
稲付公園
中山道
環七通り
1
2
4

赤羽・西が丘——海食崖にある三つの谷を行く

一六メートルに及ぶ赤土の崖

東京行きの東北新幹線が荒川を渡り、乗客がそろそろ降り支度を始める頃に目の前に立ちはだかる急斜面の崖。列車はこれを赤羽台トンネル（全長五八五メートル）でくぐるのであるが、ここは広大な武蔵野台地の突端にあたり、遠い昔に東京湾の沿岸流と荒川の流れに削られて高い崖になった地点である。崖の高さは約一六メートルに及ぶもので、ここに赤土の関東ローム層の赤土の露頭が目立ったために赤い埴（粘土質の土壌）でアカ・ハネというのが赤羽の地名のルーツだとする説もある。

このうち東西方向の崖が荒川（新河岸川）の侵食による河岸段丘、南北方向の崖が波に洗われてできた海食崖である。現在は崖上の台地に病院や学校が建ち並んでいるが、かつては陸軍被服本廠があり、軍服や軍帽、背嚢（リュック）、巻脚絆（ゲートル）などを一手に製造していた。その他にも陸軍火薬庫、近衛工兵大隊と工兵第一大隊の兵営などが並んでいた。

八幡谷にはかつて引込線があった

東北本線の線路と並行してまっすぐ延びる海食崖には、主に三つの谷が刻まれている。

このうち最も北の八幡谷は、東北新幹線の赤羽台トンネル（東口が赤羽八幡神社境内）が南側から南西方向に入り込むところで、かつては赤羽駅の北方で東北本線の線路から分かれて、この谷に沿って遡る引込線が通っていた。線路は陸軍兵器補給廠および被服本廠まで通じており、その原料や製品の運搬に用いられていたが、廃線跡は現在「赤羽緑道公園」となっている。ついでながら、赤羽駅は昭和三年（一九二八）まで現在地より約三五〇メートルほど北側にあった。

赤羽台という昭和三七年（一九六二）からの新地名は、その名の通りおおむね台地上にあるのだが、赤羽台三丁目だけは名前に反し、大半が窪地という妙な具合になっている。昭和四七年（一九七二）までは袋町と称していて、江戸時代は袋村であった。元々の領域はこの窪地だけでなく、台地の北側の荒川沿いにまで及ぶことから、荒川の蛇行で生じた袋状の土地にちなむ地名かもしれない。現在の北赤羽駅の近くには大袋という地区名もあった（現在は赤羽北二丁目だが袋小学校・袋保育園がある）。

それが「袋町」になったのは昭和七年（一九三二）に東京市内に編入されて北豊島郡岩淵町が東京市王子区の一部となってからだ。ついでながら袋町という地名は城下町などにあっては袋小路になった街路のある町に付けられることが多い。この八幡谷を星美学園沿いに台地へ上がっていくのが師団坂通りである。

第二の谷は南西へ

第二の谷は赤羽駅からすぐ南西へ入っていくもので、深さ一〇メートルを超える谷が枝分かれしながら赤羽自然観察公園の方へ続いている。八幡谷とこの第二の谷に挟まれた台地上にあるＵＲヌーヴェル赤羽台（旧赤羽台団地）は、陸軍被服本廠の跡地に建設されたものだ。この谷を中心とするエリアは江戸時代の稲付村で、戦

赤羽八幡神社の鳥居。神社ホームページに「日本で唯一新幹線の上に鎮座」とあるように、東北新幹線の線路がよく見える

稲付公園の崖線からも東北新幹線の線路がよく見える

後まで稲付町・稲付出井頭町・稲付西町・稲付梅木町などと称していたが、残念ながら昭和三九〜同四六年（一九六四〜七一）にかけて住居表示による統廃合で赤羽西などに変更、消滅している。

第三の谷は環七まで続く

最も南の第三の谷（稲付谷）は前の二つと比べるとだいぶ細身で、環七通りまで屈曲しながら続いている。谷の細長い領域の一部はそのまま稲付梅木町という非常に狭い町であった。ここは古くは大字稲付字梅ノ木で、梅の字を用いてはいるが、大阪の梅田のように「埋め立て」に関連する地名かもしれない。

この谷には稲付川（北耕地川）に沿って水田が広がっていたが、現中板橋駅（東武東上線）付近の石神井川からその谷に向けて分水された石神井用水（根村用水）が谷頭の稲付川に接続されていた。明治期の地形図を見ると、この川には水車がいくつか掛けられており、ある程度の水量があったことをうかがわせる。この川の谷頭の位置で流れを跨いでいたのが姥ヶ橋で、現在は暗渠となったため環七通りと都道4

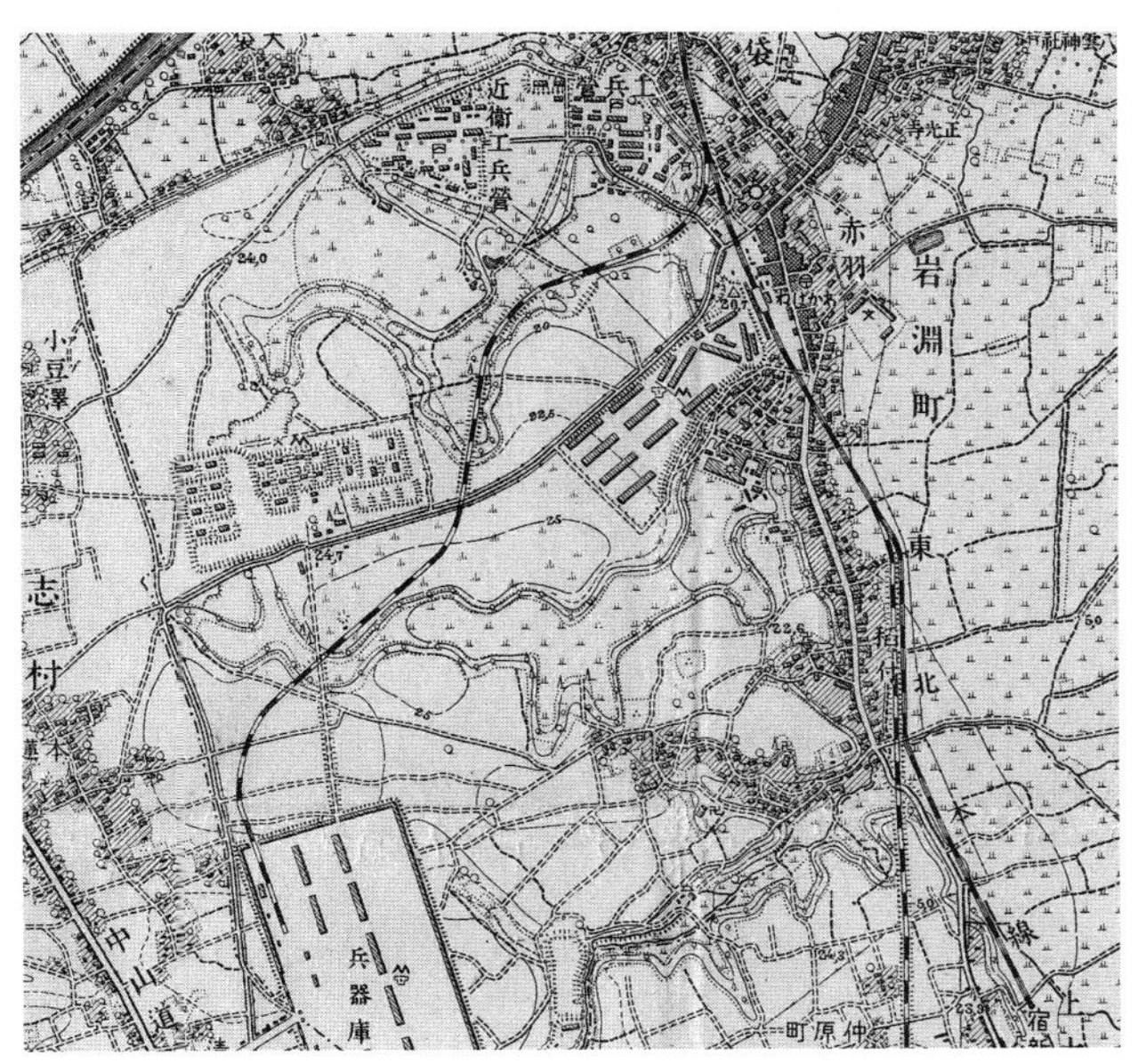

赤羽の海食崖を西へ入る谷３本。台地上は軍用地、谷は細長く続く水田であった。1:20,000正式地形図「王子」大正３年鉄道補入

５５号（十条道）の交差点の「姥ヶ橋陸橋」がその名残である。谷の屈曲した部分にあるのは旧町名を名乗る梅木（うめのき）小学校とうめのき幼稚園で、この敷地にはかつて陸軍の射撃場があった。

それぞれ景観の異なる三つの谷を味わいつつ、アップダウンに満ちた散歩コースをたどるのも興味深いものである。

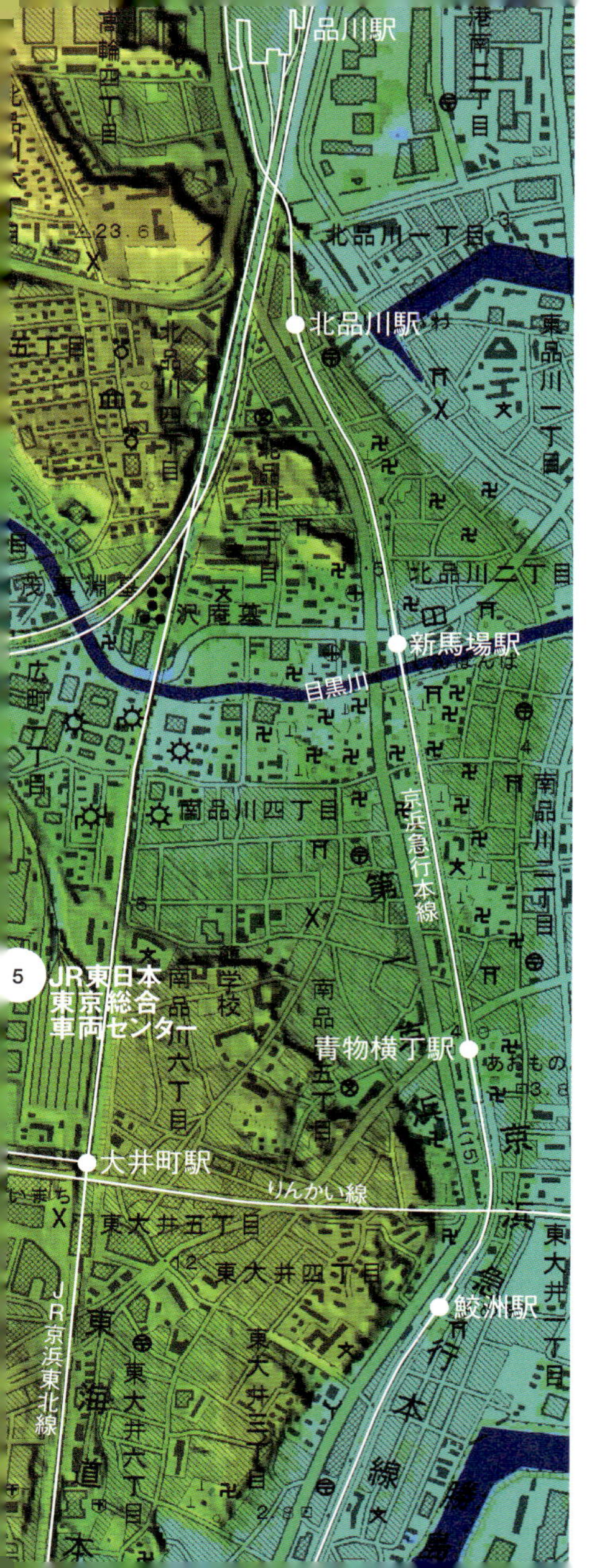

戸越銀座・大井町

地形 VIEW point

❶戸越銀座商店街

商店街自体が谷間になっていて、その両側に上り坂が並んでいるという特異な地形。目黒川の支流が刻んだ谷として形成された。

❷戸越銀座商店街南側の坂

商店街南側には、存在感のある坂がいくつも並んでいる。三井坂（みついざか）は、かつて三井邸であった戸越公園へと至る坂。八幡坂（はちまんざか）上には八幡神社、宮前坂上にはまた別の商店街と、坂を上るとなにかしら発見できる。

❸戸越公園

江戸時代は細川家下屋敷、明治23年に三井家の所有となり、その後、昭和7年に三井家が屋敷地の大半を荏原町役場に寄付。現在はかつての三井邸の一部が、区立戸越公園となっている。

❹蛇窪（へびくぼ）

現在の豊町（ゆたかちょう）、二葉（ふたば）の地名は、昭和7年まで蛇窪という名で、大井町線戸越公園駅も以前は蛇窪駅だった。あたりは低地。下神明（しもしんめい）駅近くには、品川用水に架かっていた古い橋が残っている。

❺ JR東日本東京総合車両センター

100年以上の歴史を持つ施設で、首都圏を走る車両の点検・修繕をする工場と、山手線の電車区がある。広大な敷地は、目黒台の台地を削って造成された。

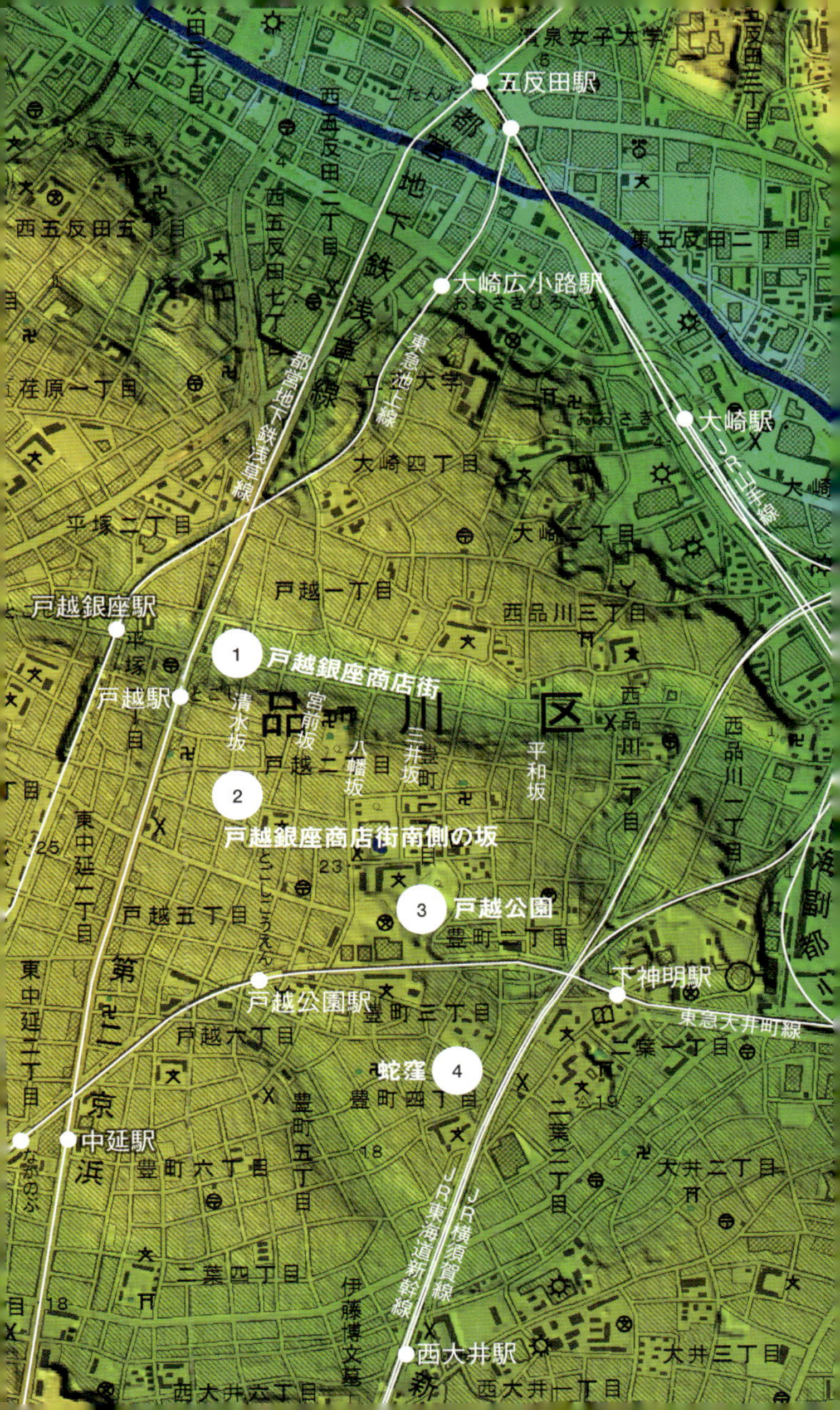

五反田駅
大崎広小路駅
大崎駅
戸越銀座駅
戸越駅
戸越公園駅
下神明駅
中延駅
西大井駅
1 戸越銀座商店街
2 戸越銀座商店街南側の坂
3 戸越公園
4 蛇窪
品川区
都営地下鉄浅草線
東急池上線
JR山手線
東急大井町線
JR横須賀線
JR東海道新幹線
第二京浜
清泉女子大学
立正大学
西五反田五丁目
西五反田二丁目
西五反田七丁目
東五反田二丁目
荏原一丁目
平塚二丁目
大崎四丁目
大崎二丁目
戸越一丁目
戸越二丁目
戸越五丁目
戸越六丁目
西品川三丁目
西品川二丁目
西品川一丁目
豊町一丁目
豊町二丁目
豊町三丁目
豊町四丁目
豊町五丁目
豊町六丁目
二葉一丁目
二葉二丁目
二葉四丁目
東中延一丁目
東中延二丁目
大井二丁目
大井三丁目
西大井一丁目
西大井六丁目
清水坂
宮前坂
八幡坂
三井坂
平和坂
伊藤博文墓

戸越銀座・大井町——「日本一長い商店街」は谷沿いに

目黒川の支流が刻んだ谷の商店街

戸越銀座といえば東西に延々一・三キロ、四〇〇軒の店が櫛比する「日本一長い商店街」として有名である（大阪市の天神橋筋商店街の二・六キロが日本一とも言われる。計測の仕方の違いだろうか）。しかも日本全国に数多ある「〇〇銀座」の中では最古、まさに草分けというべき存在なのだ。大正一二年（一九二三）の関東大震災で大きな被害を受けた本家の銀座の、ガス灯のガス発生炉用耐火レンガに使われていた白煉瓦を譲り受けて大通りに敷いたというから、「本家」の煉瓦が使われている点でも「凡百の銀座」とはワケが違う、ということのようだ。

この戸越銀座商店街の道路は東西に見事に一直線に続いていて、しかも地形も一直線の谷間。デジタル標高地形図で見ても、まるで人工的に開削したかのような趣さえある。しかし明治から大正期の古い地形図を見ると、もともと目黒川の支流が刻んだ谷であることは歴然で、その川沿いの低地は水田として使われていた。このため商店街から南北へ向かう道はいずれも上り坂になっている。

東急池上線の戸越銀座駅は商店街と交差しているが、谷間の駅だけあって線路は南北どちらへ行っても切り通しになっている。池上線はかつて池上電気鉄道で、すぐ西側を並行して走る目黒蒲田電鉄とはライバル関係にあった。五反田～蒲田間の開業に向け、着工が簡単な方ということで蒲田駅から建設を始めて北上しようとした同社にとって、荏原地域の空前の人口急増と地価の高騰はまさに想定外で、用地買収費がかさんで工事の進捗に影響した。

荏原町の人口は大正九年（一九二〇）に八五二一人（当時は平塚村）だったのが、一〇年後の昭和五年（一九三〇）には一三万二一〇八人と一五・五倍になったのだから無理もない。これだけの人口を抱えていたので、昭和七年（一九三二）に東京市に新たに編入された八二町村が新20区を編成する際にも、他の地域が平均四町村で1区を成したのと対照的に単独で荏原区となった。水田の谷間は急速に宅地化され、池上電気鉄道が昭和二年（一九二七）に開通した当初から「戸越銀座」という

戸越銀座は、全長約1.3キロにわたる長い商店街。東急池上線戸越銀座駅付近は、特ににぎやかな一帯。戸越付近は、関東大震災後に爆発的に人口が増え、商店街が発達した

駅名であった。

車両センターは台地を削って作った

川下の方へ進めば東海道新幹線と横須賀線・湘南新宿ライン、それに地下へ入ったばかりの「りんかい線」の線路を相次いで越えるが、その東側の広大なJR東日本東京総合車両センターの敷地は、かつては目黒台の台地の一部だった。目黒台のこの部分は南北幅が少し狭かったため、それを大々的に削って水田を埋め立て、平坦に造成されたのがこの敷地である。西隣に位置する品川区役所は標高七メートル、そ

の東西の崖上の台地はどちらも一六メートル台だから、過去に地形が連続していたことをうかがわせる。ついでながら、京浜急行の鮫洲駅付近で線路が屈曲しているのは、電車がその台地の東端の「岬」の麓をめぐっているからだ。鮫洲は江戸時代からの通称地名で、寛政四年（一七九二）の『南浦地名考』によれば、干潟の時に砂の中から清水が出ることからサミズ（砂水？）というのが由来とし、それがサメズに転じたとされる。

立会川を遡って大井町を歩く

鮫洲の「岬」の真西に位置するのがＪＲの大井町駅で、西からここへ流れていたのが立会川であった。川はここから南に向きを変え、駅名が示すように京急の立会川駅のすぐ南側を通って東京湾に注いでいる。反対に大井町駅から西へ遡ると、一本橋交差点（大井町駅入口交差点の北側）から南西へ向かって暗渠の上をたどっているのが現在の立会道路だ。さらに西へ進むとＪＲの西大井駅をくぐる。ホームの南端近くには伊藤博文の墓所もあり、それにちなんで、この一帯は東京市に編入された昭和七年から同三九年（一九三二〜六四）までは大井伊藤町と称していた（現在は西大井六丁目ほか）。

さらに遡れば第二京浜（国道1号）を過ぎたあたりが、かつて源氏前という小字のあったところ（大字中延字源氏前）。平安時代に源頼義と、八幡太郎こと義家の親子が勅命を受けて陸奥へ征伐に赴く際に陣屋としたことにちなむ地名とされ、この小字名を今に伝える源氏前小学校は、荏原町が人口激増中だった昭和三年（一九二八）の創立である。

同校の最寄り駅である大井町線（開業時は目黒蒲田電鉄）中延、荏原町の両駅はその前年の昭和二年七月六日、池上線（開業時は池上電気鉄道）の旗ヶ岡駅は同年八月二八日と相次いで開業したため、さらに人口の激増に弾みがつき、小学校の新設も行われたのだろう（品鶴線＝東海道貨物線は昭和四年に開業）。のちに、池上電気鉄道が目黒蒲田電鉄に併合され、戦後の昭和二六年（一九五一）になって大井町線東洗足駅と統合されたさいに、旗ヶ岡駅は旗の台駅となった。

立会川をさらに遡れば、北西に向きを変えて東急目黒線の西小山駅付近に至る。

第4章

武蔵野・郊外編

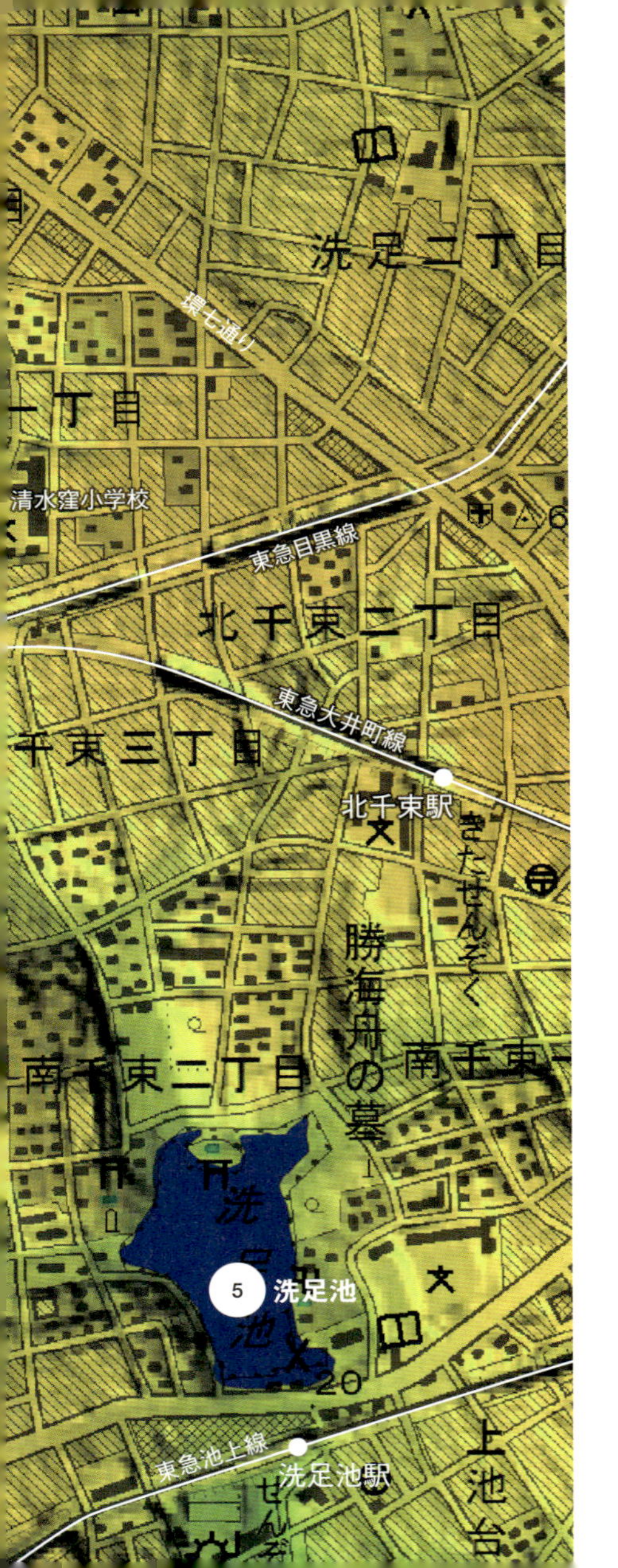

洗足・大岡山

地形 VIEW point

❶呑川（のみがわ）
世田谷区東南を水源とし、東京湾に注ぐ二級河川。全長約14.4キロ。ほとんどの場所は暗渠化され、下水道として利用。大岡山の隣駅、緑が丘駅の南側（緑が丘三丁目）は地形的には「丘」ではなく、呑川が通るため低地となっている。

❷東京工業大学
大岡山駅前にある理工学を中心とする国立大学。大正13（1924）年に蔵前から現在の場所に移転。呑川が流れ、水源のひとつであるひょうたん池があるなど、広大なキャンパス内は起伏に富む。

❸大岡山駅
東急目黒線と大井町線が乗り入れている。駅の場所は荏原台のほぼ中央に位置し、標高36メートルと高台にある。北口から環七へとまっすぐ続く商店街は尾根にあり、平坦で歩きやすい。

❹荏原台（えばらだい）の尾根
荏原台は武蔵野台地を構成する台地のひとつで、目黒区、大田区、品川区の3区に広がる。大岡山は北側が大田区と目黒区の区界にあたり、尾根が走る地域でもある。

❺洗足池
もともとは湧水によってできた池で1周約1.2キロ。園内にはボート乗り場もある。西側には洗足池の水が注ぐ呑川が流れており、一帯は周辺よりも土地が低い。

荏原台の尾
4
南
三
緑が丘一丁目
呑川（暗渠）
大岡山一丁目
目黒区
大田区
北
35
九品仏川
大岡山二丁目
井
町
線
東急大井町線
3
大岡山駅
緑が丘駅
おおおかやま
みどりがおか
東
2
東京工業大学
東急目黒線
呑
工業大学
石川町一丁目
南千束三丁目
川
世田谷区
目黒区
大田区
奥沢一丁目
28
1
呑川
27
石川町二丁目
中原街道

洗足・大岡山——荏原台の尾根に広がる町

大岡山駅は東急目黒線（旧目蒲線）と大井町線の連絡駅である。駅のすぐ南側には東京工業大学が一等地を占めているが、これは東急の前身の目黒蒲田電鉄が、蔵前にあった前身の東京高等工業学校を関東大震災後に誘致した結果だ。郊外に延びる私鉄は、朝の上りと夜の下り列車が混雑するのが常で、空気を運びがちな逆方向の電車にいかに乗ってもらうかが商売のカギであり、学生さんが都心部からこちらの郊外へ通ってきてくれるとバランスが良くなる。その点で郊外への学校の誘致は理にかなったことであるが、それに加えて今よりずっと少なかった高等教育機関を中心に据えた宅地開発は「高級感」が前面に押し出され、当時の中流階級に向けての絶好のアピールとなったのである。

そもそも目黒蒲田電鉄は宅地開発会社であった田園都市株式会社の子会社であり、新しい住宅地の住民を都心へ運ぶ任務を負っていた。同社の後身である東急電鉄の東横線に学芸大学、都立大学という駅名が連続しているのも、両大学（当時はそれぞれ青山師範学校、旧制東京府立高校）を誘致して周囲に宅地開発を進めたことに由来している。どちらもその後は移転して実態はなくなったものの、駅の周辺は大学名のついた通称地名として生き続けているため、住民アンケートでも改称を望む意見はそれほど多くなく、駅名の改称は今後も行う予定はないという。

清水窪弁財天。住宅地の中にある湧水スポット。かつては農業用水に利用されていた。池の長さは約20メートル。弁財天が祀られている

ここ大岡山は下末吉面（しもすえよしめん）にあたる荏原台（えばらだい）のほぼ中央に位置し、大岡山駅北口前の標高は三六メートルと高い。駅から真北へ続く道は大田区（東側）と目黒区（西側）の境界で、これがちょうど荏原台の尾根にあたる。駅の北東には清水窪（しみずくぼ）小学校と

洗足池は湧水をせき止めて作った池で、古くは農業用水として使われた。池の水は呑川にそそぐ。桜山と呼ばれる桜の名所もある

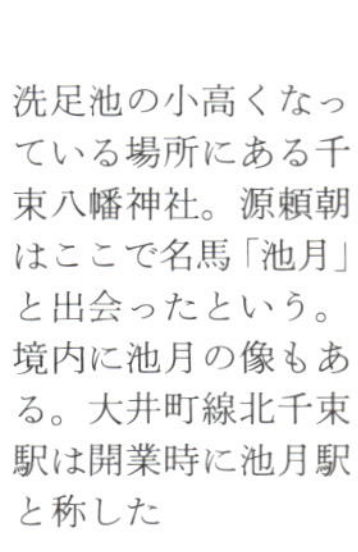

洗足池の小高くなっている場所にある千束八幡神社。源頼朝はここで名馬「池月」と出会ったという。境内に池月の像もある。大井町線北千束駅は開業時に池月駅と称した

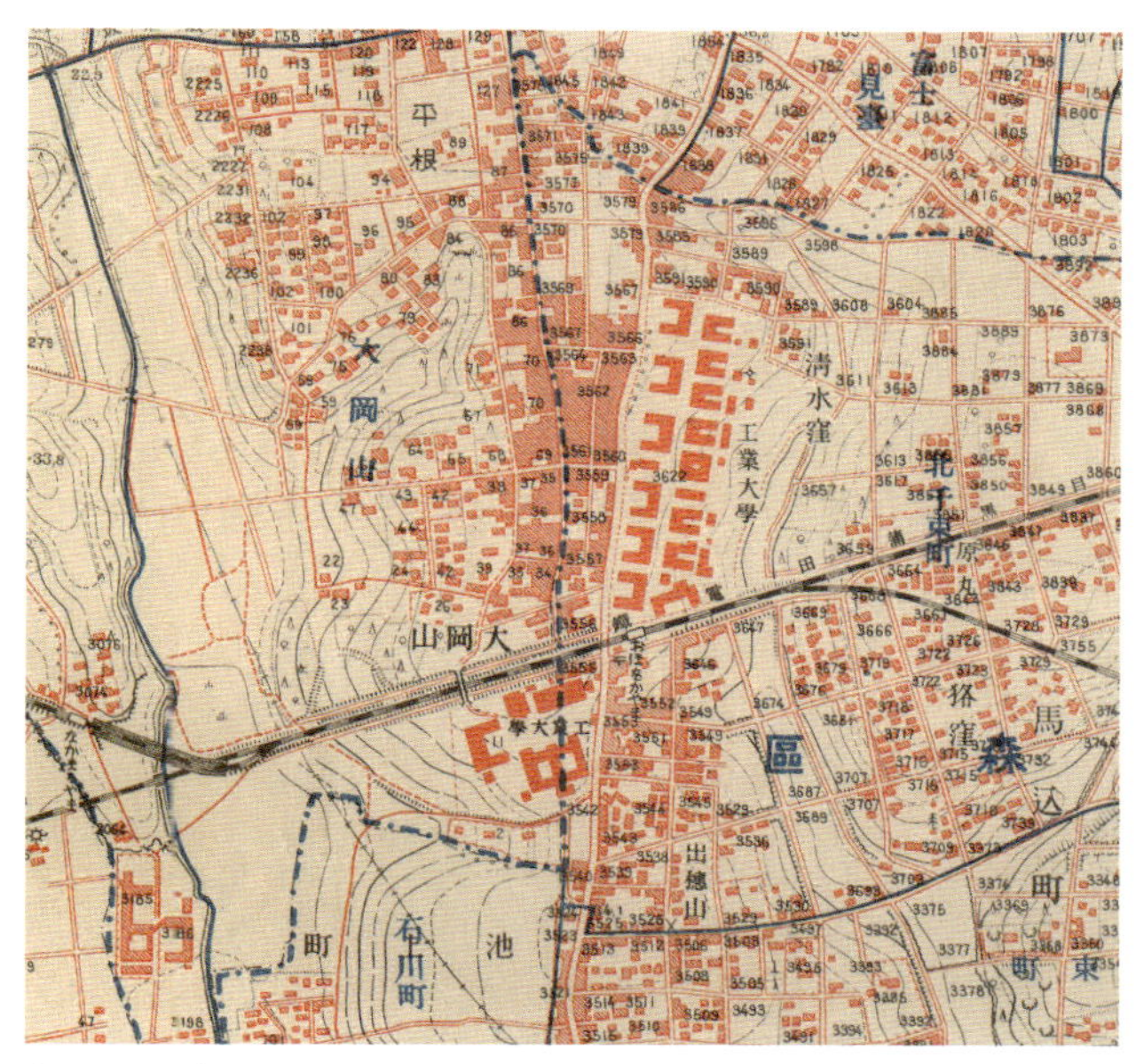

荏原台の尾根上にある大岡山駅（現在は地下駅）。西側を呑川が南流している。1:10,000地形図「碑文谷」昭和５年修正（行政区画は昭和７年）

いう、文字通り窪地に面した小学校があり、その谷をかつての「清水」は南流して洗足池に注いでいた。清水窪は旧馬込村の小字である（現在は大田区北千束一丁目）。

尾根からの水を溜めた洗足池

洗足池は下末吉面の荏原台の「尾根」が枝分かれした南側に位置しているため、清水窪からの水を含めて湧水に恵まれ、平安時代に谷の口に堰堤を築いて溜池となった。日蓮上人が足を洗った伝承があるというが、かつてのこの一帯の郷名は古くから千束と称したので、字を意図的に変えたと思われる。

池の北側へ歩いて七分程度のところに北千束駅があり、これはかつての郷名と一致しているが、町名としては東京市に編入された昭和七年（一九三二）以来のもの（厳密には昭和五年末に馬込町の字の統廃合で北千束・南千束となった）で、北千束駅の開業した昭和三年（一九二八）時点では池月という駅名であった。治承四年（一一八〇）に源頼朝が鎌倉へ向かう途中、この洗足池で宿営していた時にどこからともなく野馬が現われ、青い毛並みに白い斑点が「池に映る月影」の如くであったことから池月と命名、頼朝の馬となったという伝承があり、それを駅名にしたものだ。

目黒蒲田電鉄のライバル会社であった池上電気鉄道が池畔に「洗足池」という駅を前年に開業させてしまったから、ひとひねりしたのかもしれない。池月駅で洗足池を連想させるのが難しかったのか、開業一年半後の昭和五年には洗足公園駅と改めている。しかし昭和九年に池上電気鉄道を合併した後は張り合う必要がなくなったからか、同一一年に町名の北千束駅に改めて現在に至っている。こうして「せんぞく」を名乗る駅名は現在三つで、北から順に目黒線洗足駅（目黒区洗足）、大井町線北千束駅（大田区北千束）、池上線洗足池駅（大田区東雪谷）とややこしい。

大岡山に戻るが、こちらの尾根道の西側、つまり目黒区側は呑川（のみがわ）の広い谷になっており、川に沿った低地が目黒区のエリアとして細長く突き出している。この「目黒区最南端の地」は、低地にもかかわらず行きがかり上「緑が丘」という地名の一部になってしまったため、西側の一段高い世田谷区の台地上の地名が「奥沢」であることを考えると、地形と地名が逆の関係になっている。つまりここに限って言えば丘より沢の方が高い。ただし、奥沢の載っている台地は久が原台（くがはらだい）で、武蔵野面に属しているため、標高はおおむね二六～二九メートルと荏原台（下末吉面）より低い。

ちなみに大岡山駅は平成九年（一九九七）に地下化されたが、わざわざ地面の下に潜ったというより、奥沢の方からそのままの高さで進めば地下に入ってしまうので、上らずに済むようになった、ということだろうか。

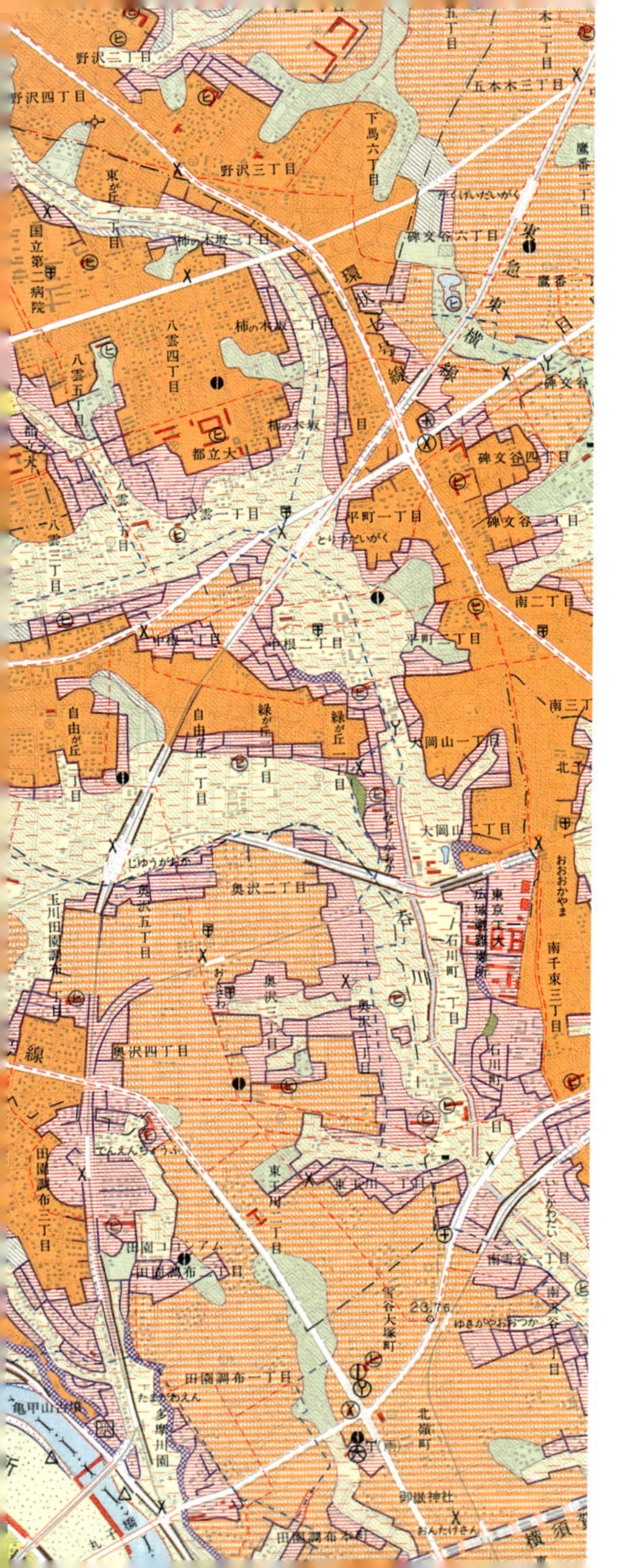

自由が丘・等々力

地形 VIEW point

❶九品仏川

自由が丘駅の南側を通る暗渠（青い破線）が呑川の支流・九品仏川。川の名になった九品仏こと浄真寺付近で蛇行し、タコの頭のように半島状を成している。

❷等々力渓谷

紫のダブルハッチ（極急斜）で表現された深い谷が等々力渓谷で、かつてゆるゆると流れていた九品仏川の上流部を、多摩川の支流・谷沢川が強奪した。

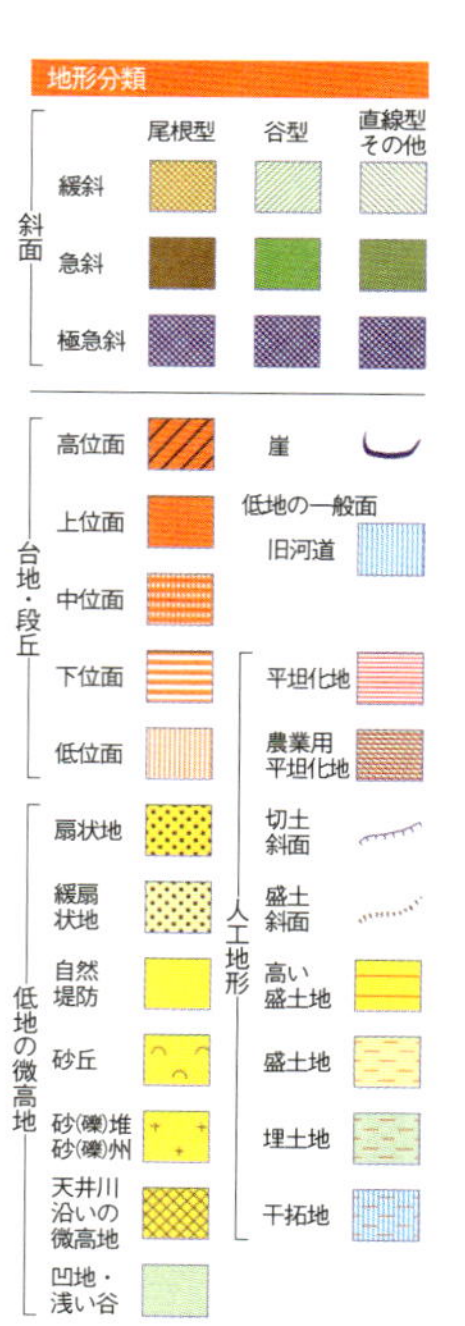

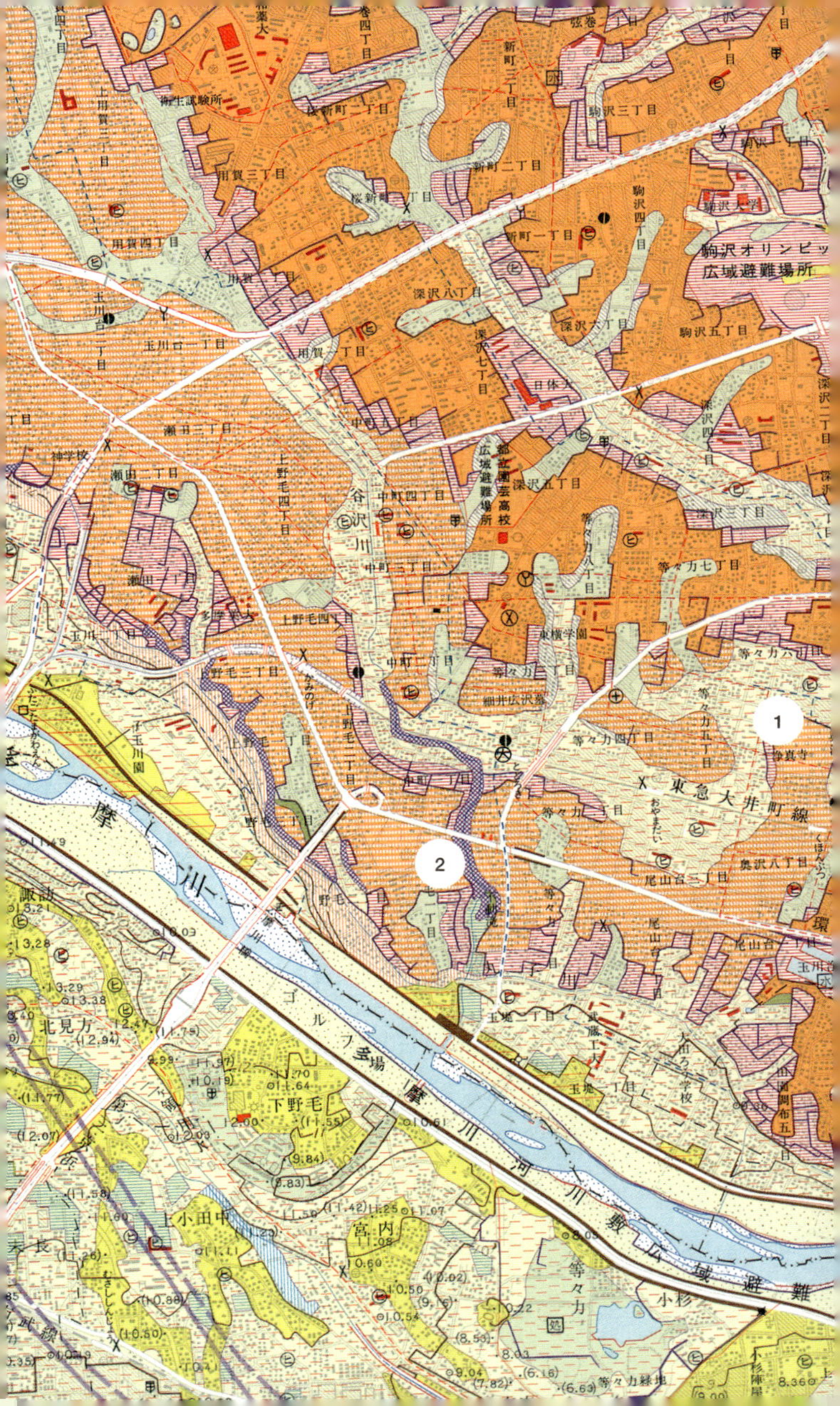
駒沢オリンピック
広域避難場所
都立園芸高校
広域避難場所
東急大井町線
多摩川
ゴルフ場
河川敷広域避難
1
2

自由が丘・等々力——河川争奪の歴史をひもとく

昭和以降に定着した地名

自由が丘といえば首都圏の「住みたい街ランキング」では常にトップクラスを誇る人気の住宅地であるが、その地名は昭和に入ってからの新しいものだ。最初に自由ヶ丘を名乗ったのは昭和二年（一九二七）に当地に設立された自由ヶ丘学園で、当時としては斬新な「自由教育」を標榜（ひょうぼう）した手塚岸衛（てづかきしえ）氏の経営による新しい学校である。手塚氏が渡欧する船中で会ったという舞踊家の石井漠（ばく）も、帰国後の昭和三年に「自由ヶ丘石井漠舞踊研究所」を設立、郵便物の差出人住所には自ら自由ヶ丘と記した。私も音楽出版社に在籍していた頃に、漠氏の息子で作曲家の石井眞木（まき）氏から、「おやじが自由ヶ丘と命名した」と直（じか）に聞いたことがある。

今の自由が丘駅は昭和二年（一九二七）に開通した東京横浜電鉄（現東急東横線）の初代九品仏（くほんぶつ）前駅であるが、同四年に目黒蒲田電鉄（現東急）大井町線が九品仏こと浄真寺により近い場所に二代目九品仏駅を開業したのに合わせて、自由ヶ丘と改められている。人々が毎日のように乗り降りする駅名は影響力が大きいもので、その後は通称地名として「自由ヶ丘」がどこでも通用するようになった。

元々この一帯は荏原郡碑衾村大字衾の一部であったが、急速な都市化を見越した耕地整理（事実上の区画整理）に伴う町名地番変更の際、自由ヶ丘は昭和七年（一九三二）六月から正式な地名となり、同年一〇月からは東京市目黒区に編入されて現在に至っている。昭和四〇年（一九六五）からは住居表示の実施を機に「自由が丘」と改められ、駅名も同四一年から町名に合わせて自由が丘駅と表記するようになった。

「丘」を名乗る地名ではあるが、町のエリア全体を見渡せば三分の一ほどが下末吉面の荏原台で標高三五〜四〇メートルと高く、三分の一が駅のある場所を含めて二二〜二五メートル程度の低地、残り三分の一が台地と低地の間の斜面といったところだ。駅のすぐ南側で東横線の線路をくぐっていたのが呑川の支流である九品仏川で、暗渠化された今は遊歩道のスペースとなっている。

谷沢川が九品仏川を「強奪」

川の名になった九品仏こと浄真寺は台地の上にあって、これを取り囲むように川は北側を迂回するように蛇行し、台地はここでタコの頭のように半島状を成している。川の北側が本物の「丘」の部分である。自由が丘駅の近くでは九品仏川が区界になっていて、南側は世田谷区の奥沢。川の南側も台地であるが、同じ台地でもこちらは武蔵野面なので三〇メートル前後と少し低い。

大井町線は九品仏川の浅い谷に沿って西へ向かっているが、等々力の先でこの谷の地面を鋭くえぐる谷沢川(矢沢川)を鉄橋で渡る。線路ぎわから南側に深く大地を刻み込んだ地形が等々力渓谷で、水面から両側の台地までの標高差は一五メートルにも及んでいる。平坦な住宅地の中に深い谷間が現れ、樹木に覆われた中をきれいな水が流れているのは意表を突かれるが、これは長きにわたって「河川争奪」が行われた結果だ。かつてゆるゆると流れていた九品仏川の上流部を、多摩川の支流・谷沢川が「強奪」したものである。

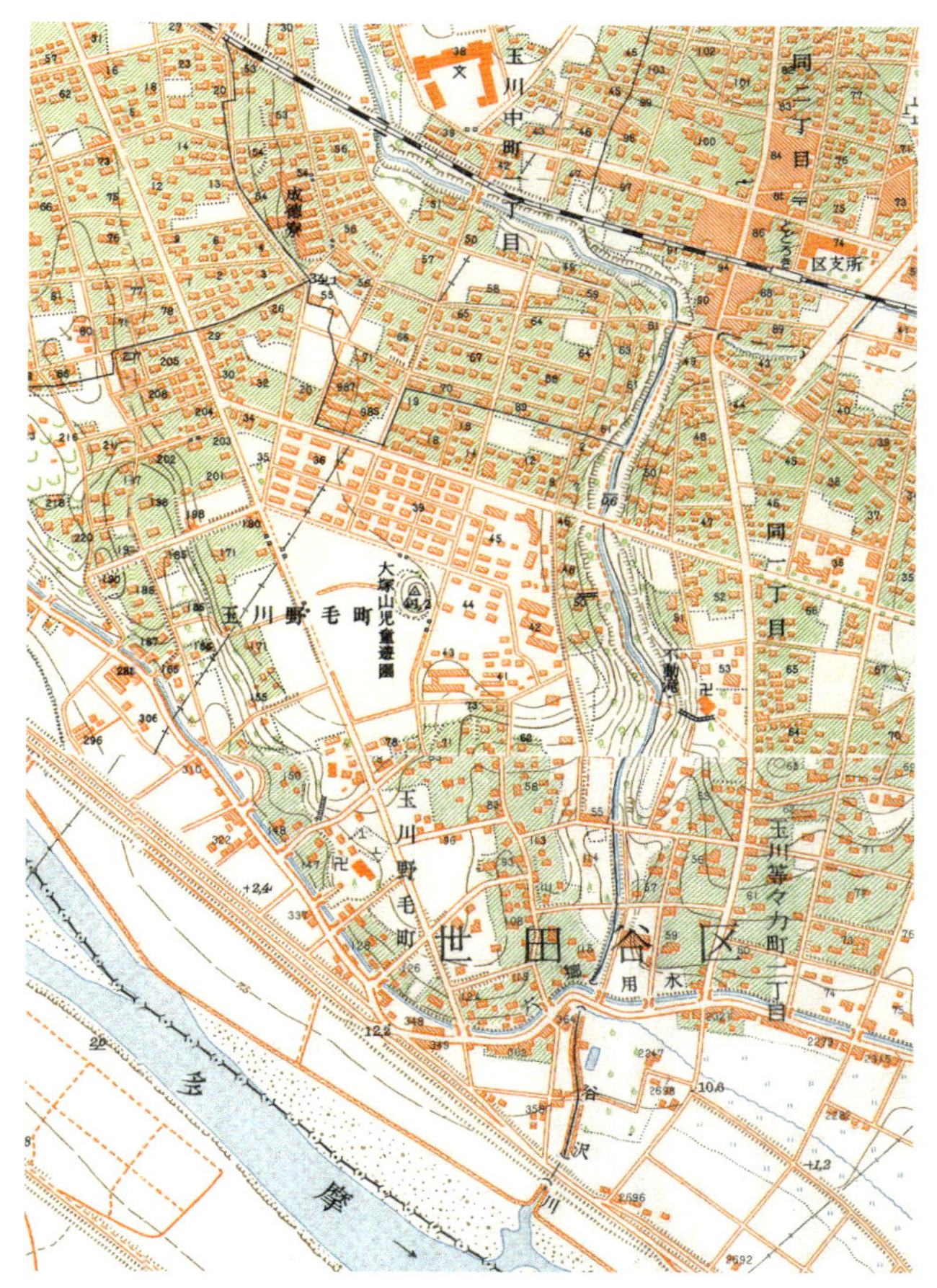

浅い谷を流れていた九品仏川の上流部を谷沢川が奪い、勢いを増したこの川が等々力渓谷を彫り上げた。1:10,000地形図「二子」昭和30年修正＋「溝口」昭和30年修正

谷沢川は台地の水を多く含む層から湧く水が流れ込む川で、その湧水のひとつは不動の滝として流れ込んでおり、その轟音がトドロキの地名となり、等々力の字が宛てられたとされている。侵食力が大きいので上流をどんどん遡らせる谷頭侵食が顕著となり、一方で流速が遅くほとんど侵食能力のない九品仏川の浅い谷に切り込みを入れていく。谷沢川の谷頭はどんどん北へ進出し、九品仏川の本流に達した時、一気にその上流部を奪ってしまったのである。これを「河川争奪」と呼ぶが、地形を詳細に観察すれば、そんな万年単位のドラマも見えてくるのだ。

多摩川の南側に広がっていた等々力村

等々力村はかつて多摩川の南側にも広がっていた。その名残が川崎市中原区の等々力で、野球場や陸上競技場のある等々力緑地で知られている。町の境界線を地図でたどると多摩川から南側に半円形の緩やかな弧を描いており、かつての旧河道がこちらを流れていたことを示唆する典型的な曲線だ（一七二頁左下端）。

緑地のまん中にある池は、かつて多摩川の両岸で砂利採取が盛んに行われていた頃の名残で、昭和四〇年頃までは砂利採り後に開いたたくさんの穴に水が溜まり、池がいくつもあった。多摩川沿いにはこれだけでなく上丸子・下丸子や下沼部、上野毛・下野毛など両岸に跨がる地名が多く見られるが、これらは過去の多摩川の河道変更や、対岸での耕作などを物語るものだ。かつてはそれを反映して東京府と神奈川県の境界が多摩川の南北に出っ張っていたが、明治四五年（一九一二）の境界変更の際に川の流れに沿った現在の都県境に改められている。

下北沢・明大前

地形 VIEW point

❶玉川上水公園
杉並区では、玉川上水の跡地を利用し、遊水公園を設けている。曲がりくねった公園からはかつての玉川上水の川筋がしのばれる。

❷玉川上水
江戸の人々の飲み水を確保するため、承応3（1654）年、町人の庄右衛門・清右衛門兄弟が開削したのが玉川上水。全長43キロ。豊富な水量を誇る多摩川の水を羽村で取水し、地形の高低差だけで四谷まで自然流下させた。

❸水道道路
明治時代、淀橋浄水場へ導水するために作られた新上水跡は現在、水道道路に。一直線に延びた道は盛り土をして作られた。北側には笹塚川が流れていたこともあり、周囲よりもはっきりと高い。

❹神田川
フォークグループ「かぐや姫」の楽曲ともなり、馴染みの深い神田川は全長25キロ。井の頭池を水源とし、隅田川に合流する。元は平川と呼ばれ、日比谷入江に注いでいた。

❺目黒川
全長7.8キロ、東京南西部の地形の凹みに大きく貢献している目黒川。池尻大橋から中目黒にかけては約830本の桜が植えられた花見の名所。

神田川
4
東京メトロ丸ノ内線
善福寺川
方南町駅
神田川
3
水道道路
笹塚川
幡ヶ谷駅
笹塚駅
玉川上水新水路
玉川上水公園
1
明治大学
和泉校舎
分流地点
代田橋駅
玉川上水
2
明大前駅
世田谷区
小田急小田原線
三田用水
だいだらぼっち川
東松原駅
新代田駅
下北沢駅
池ノ上駅
京王井の頭
森巌寺川
世田谷代田駅
北沢川
東急田園都市線

下北沢・明大前——玉川上水が蛇行するところ

江戸初期の承応三年（一六五四）、巨大都市・江戸に飲料水を安定供給するために開削されたのが玉川上水である。西多摩の羽村で取水して四谷大木戸まで実に四三キロ。南北どちらにも分水できるように広大な扇状地である武蔵野台地のなるべく「尾根」を通るよう見事なルート設計がなされているが、井の頭池の南側からは神田川の南側にほど近い高みをたどりつつ、やはり淀橋台の「尾根」を忠実に下ってくる。

川を避け、分水界を慎重に進む

ところがなだらかな線形が激変するのが京王線笹塚駅の近くだ。ここから南南東へ急カーブして一見異様な蛇行区間に入る。渋谷区笹塚から間もなく世田谷区北沢に入り、小田急線の東北沢駅との中間あたりでぐるりと向きを変え、今度は北北東へ流れる。やがて幡ヶ谷駅の手前あたりで元の甲州街道沿いに戻って何食わぬ顔で新宿駅あたりを目指すルートだ。

しかし地形をよく見れば、蛇行の最南端が神田川・渋谷川（宇田川）・目黒川の三水系の分水界にあたっており、この大迂回が、南へ進出した神田川支流の谷頭を避けるためであることは一目瞭然だ。三田用水がこの付近（渋谷・世田谷区界付近）で分水するのも、三田用水が尾根伝い——要するに目黒川と渋谷川の分水界をたどりながら三田へ向かうためである。

蛇行する玉川上水と対照的なのが、北側を一直線に並行する新上水（玉川上水新水路）だ。明治三一年（一八九八）に完成した淀橋浄水場への導水路として建設され、谷を越える箇所には、ローマ水道のように「水道橋」をいくつも架けた。あくまで自然の地形に逆らわない旧上水と、近代国家の土木技術にモノを言わせた直線の新上水。後者は後に水道道路となったが、周囲の地盤との高低差が明治の「力み」を今に伝えているかのようである。

ちなみに、この新上水に架けられた橋は浄水場の方から一号橋、二号橋と名付け

下流部ではほとんどが暗渠となっている玉川上水だが、代田橋駅や笹塚駅周辺では、珍しく開渠の玉川上水を楽しめる。

られた。新上水の暗渠化とともに橋は姿を消したが、幡ヶ谷の駅前からかつて六号橋まで通じていたことに由来する「六号通り商店街」や、笹塚の「十号通り商店街」として今も名残をとどめている。

明治大生は玉川上水を渡ってキャンパスへ

かつてこの玉川上水に架かる橋を渡って学生が出入りしていたのが明治大学和泉校舎（現在では和泉キャンパス）であるが、最寄りは明大前駅。昭和九年（一九三四）

目黒川の支流である北沢川（北沢用水）の支流・森巌寺川が南流していた頃の下北沢。一帯に点在する煙突記号は銭湯。1:10,000地形図「世田谷」昭和30年修正

に当時の明治大学予科がここへ移転した翌一〇年二月に、京王電気軌道（現京王電鉄京王線）の松原駅が帝都電鉄（現京王井の頭線）西松原駅との交差地点に移転、これを機に双方とも明大前駅と改称したものだ。

　校地はもともと幕府の焔硝蔵（火薬庫）を明治政府が引

き継いで陸軍省の和泉新田火薬庫としていた土地で、それが大正期の軍縮の影響で廃止され、跡地の払い下げを受けたのが明治大学と築地本願寺であった。大学はその土地の東側にキャンパスを造成し、本願寺は西側の土地を和田堀廟所（墓地）として現在に至っている。

明大前駅の所在地は世田谷区松原だが、キャンパスは杉並区永福。区界はまさに「尾根」を流れる玉川上水である。駅のある松原は目黒川の流域なので、学生たちは駅から毎日分水界を越えて神田川流域の杉並区永福へ通っていることになる。ちなみにキャンパス名が「和泉」なのは、昭和四四年（一九六九）まで和泉町であったため。もちろん、そんなことを意識している学生は滅多にいないだろうが。さらに言えば世田谷側は昭和七年（一九三二）まで荏原郡松沢村、杉並側は豊多摩郡（明治二九年までは東多摩郡）和田堀町であったからここは郡界でもあった。

谷沿いにぐるりと走る幻の鉄道計画

松原の谷を南へ向かっていた小さな流れは、やがて小田急線の梅ヶ丘駅付近で目黒川の支流である北沢川に合流するが、この谷沿いに明大前から南下して梅ヶ丘駅の上を跨ぎ、大井町まで行く「山手急行電鉄」という計画が大正時代に立てられたことがある。北はさらに中野や板橋を経由、ぐるりと山手線の外側を大回りして洲崎（東陽町駅付近）までという大構想だったのだが、あいにく昭和大恐慌などに当たって断念した。もし現在この路線があったとすれば、多くの人の利便性が高まっていたに違いないから、惜しいことをしたものである。

梅ヶ丘からさらに東へ下ったところで北沢川に合流するのが森巌寺川（森厳寺川）で、これは同名の寺に由来する。これを少し遡れば下北沢駅だ。川の谷を横断する京王井の頭線下北沢駅は、西口は地平なのに小田急線が下をくぐる部分では高架。さらに東隣の池ノ上駅に向かって高い築堤で谷を渡る。池ノ上という地名は古くは世田谷町大字下北沢の旧小字で、そこを流れる小さな支流を下れば池尻にたどり着く。古くはこの「池ノ上」から「池尻」にかけて実際に池があったとされており、それが事実とすればまさに地名の字の通りだ。

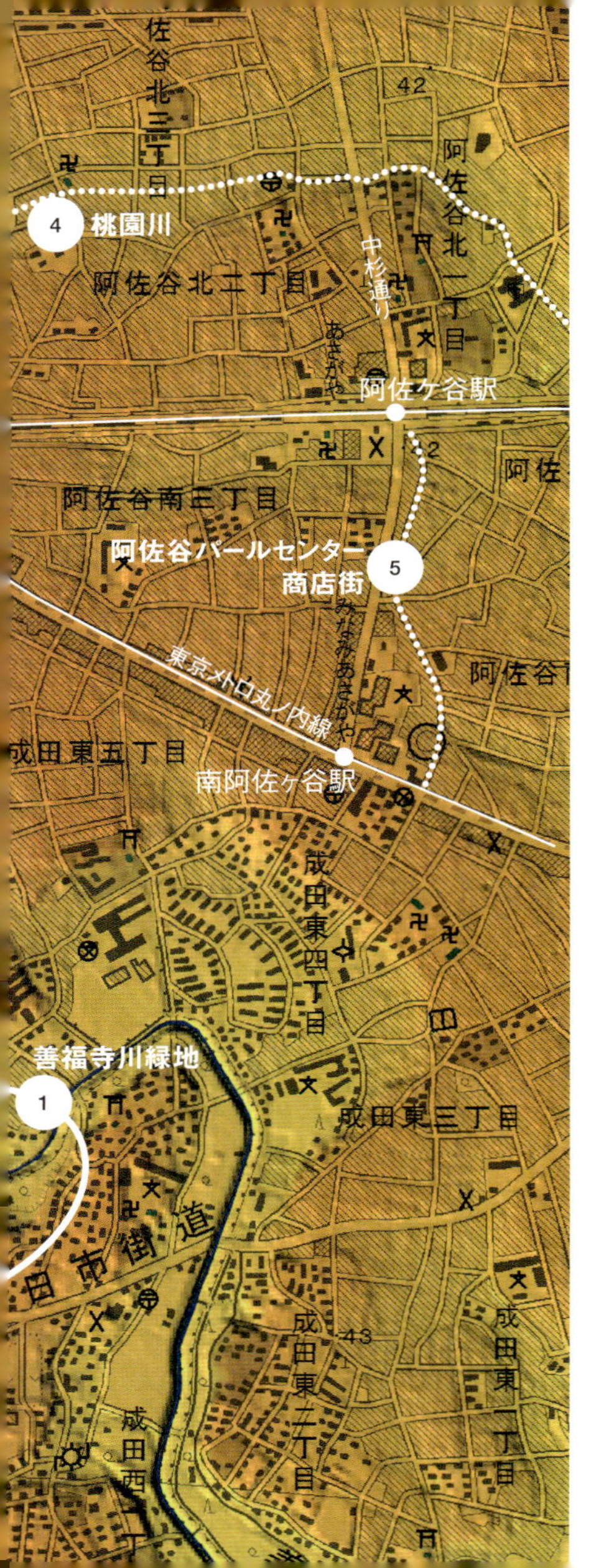

荻窪・阿佐谷

地形 VIEW point

❶善福寺川緑地
善福寺川が大きく蛇行する付近に作られた公園。武蔵野台地の中でも善福寺川が流れる場所は谷となり、周囲よりも低くなる。春には桜も楽しめる、住民の憩いの場所。

❷荻窪駅
中央線の前身、甲武鉄道の駅として明治24（1891）年にできた駅。駅付近の標高は46メートル。荻窪のある杉並区（中央線一帯）は、山手線内に比べるとどこも標高が高い。

❸天沼（あまぬま）弁天池
豊富な湧水によりできた池で住宅地の中の公園にある。桃園川の水源のひとつだった。天沼という地名もこの池に由来するという。現在は地下水をポンプで汲み上げている。

❹桃園川（ももぞのがわ）
荻窪駅の北にある天沼弁天池を水源とする。中杉通りの東から南流して中央線を越え、神田川に注いでいた。桃園川は現在、すべて暗渠化され、下水道として利用されている。その暗渠を利用した緑道は阿佐谷から高円寺にかけて延びる。今も土地の高低に影響を与える桃園川の名残がわかる場所となっている。

❺阿佐谷パールセンター商店街
阿佐ヶ谷駅から南阿佐ヶ谷駅まで続く、約600メートルの長い商店街。江戸時代は阿佐谷神明宮への参道としてにぎわったと言われ、商店街の中に庚申塚もある。くねくねと蛇行する道は、かつての古道の趣を今に伝える。

清水一丁目
3
天沼弁天池
天沼二丁目
天沼三丁目
上荻二丁目
環八通り
青梅街道
おぎくぼ
上荻一丁目
荻窪駅
JR中央線
2
JR中央本線
三丁目
荻窪五丁目
荻窪四丁目
南荻窪四丁目
桃井第二小
善福寺川
荻窪三丁目
荻窪二丁目
南荻窪一丁目
環八通り
荻窪一丁目
宮前二丁目
高井戸東四丁目
神明通り
五日市街道
成田西二丁
丁目
戸西三丁目
井の頭通り

荻窪・阿佐谷——住宅地で凸凹を見つける面白さ

大正時代の新興住宅地・荻窪

荻窪（おぎくぼ）という地名の由来を語るには古代の話まで遡らなければならない。和銅元年（七〇八）に、ある行者（ぎょうじゃ）が観音像を背負って「荻の原」を通ったところ、この地でそれが急に重く感じられ、歩くことができなくなった。そこで行者はここが有縁（うえん）の土地であるとして、野原の荻を集めて当地に庵（いおり）を結び、その観音像を安置したという。

これが荻寺（おぎでら）で、現在の光明院（こうみょういん）とされている。荻窪の地名もこの荻寺に関連するとしている（『杉並の地名』杉並区教育委員会編）が、荻の原の話がなぜ「荻窪」と関連するのかの説明はない。それはともかく、素直に考えれば荻の原の近くの窪地が地名の由来なのだろう。

地形を見ると、武蔵野台地を曲流する善福寺川（ぜんぷくじがわ）が浅く広い谷を流れているが、この谷は長らく水田として使われていた。これに対して台地上には江戸期から畑が開かれている。甲武鉄道（現JR中央線）が敷設されて都心と短時間で結ばれたことにより、サラリーマン層が目立って増える大正期からは人口も急増した。荻窪が所属していた井荻村では大正九年（一九二〇）にわずか四三六九人だったのが一〇年後の昭和五年（一九三〇）には二万二七二四人と五・二倍になっている。

ちなみに井荻という村名は上井草・下井草・上荻窪・下荻窪の四村が合併した際に井草と荻窪の頭文字を合わせたものだ。西武新宿線には、旧村名である上井草駅と下井草駅の間に、合併した行政村名である井荻駅が存在しており、同線内ではこの三駅が杉並区内となっている。

さて、中央線の中野〜吉祥寺間が電化されたのは第一次世界大戦が終わった翌年にあたる大正八年（一九一九）で、その時点で途中駅はこの荻窪駅だけであったが、大正一一年（一九二二）七月一五日には高円寺、阿佐ケ谷、西荻窪の三駅が同時に開業した。これによって地域の交通の便は急激に良くなったが、人口急増とこれらの駅の新設はもちろん関連している。これに加えて青梅街道上には西武軌道の路面電車（後の都電）も当初は単線ながら開業、この地域はさらに便利になった。

荻窪という地名の由来とされる光明院荻寺は、荻窪駅近くの線路脇にある。真言宗豊山派の寺院で本尊は千手観音。かつては7堂をもつ大寺院であったが、中央線、環状八号線の開通に従い、寺域が縮小した

与謝野公園から歩いて5分ほどの場所にある、杉並区立桃井第二小学校の校歌は、依頼を受けて与謝野晶子が作詞したもの。校庭には歌詞を刻んだ歌碑が残る

谷の水田も住宅地へ変わる

一帯の谷底の標高は、荻窪駅に近い桃井第二小学校で四二メートル、これに対して台地上の荻窪駅は四六メートルとそれほど差はない。ちなみに桃井とは歴史的な地名ではなく、桃園（ももぞの）川の桃と旧小字（きゅうこあざ）の遅野井（おそのい）の井の字をつないだ学校名である。それが昭和三九年（一九六四）の町名の統廃合の際に採用された。

一帯の宅地化が進んでも、善福寺川沿いには昭和三〇年頃まで家が建つことはあまりなく水田が維持されてきたが、東京の郊外にあたるこの地域の人口の増加は引き続き著しかった。杉並区の人口は、戦時疎開などにより一時期人口が減少した昭和二〇年（一九四五）の約二〇万人が底で、昭和三〇年（一九五五）には約四〇万人と倍増、さらに同四〇年には約五〇万人という急増ぶりである。このため周囲を田んぼに囲まれていた川のすぐ近くまで住宅地が進出、集中豪雨時などにはしばしば洪水が発生するようになっていく。これほど急激な都市化が進んでしまうと、河川改修はまったく追いつかない。人口急増に対応して乗客が増え続ける中央線電車のラッシュの緩和も急務で、まず中野〜荻窪間が昭和四一年（一九六六）四月に複々線化を完成、三年後の同四四年四月にはそれを三鷹まで延伸して現在と同じ状況となった。

桃園川沿いの「浅が谷」が阿佐ヶ谷へ

荻窪駅付近で中央線を横切る青梅街道は、他の多くの往還と同様に尾根線を選んで通っており、そこから南北へ分岐する道はたいてい下り坂となっている。かつての阿佐谷村は尾根の北側に並行する桃園川（神田川の支流）沿いに位置していた。その源流のひとつが天沼弁天池で、こちらの浅い谷は武蔵野台地との標高差が三メートル程度とあまり大きくない。住宅地が建て込んだ今では意識しにくいが、注意深く観察すれば道路のアップダウンの様子から谷の姿がうかがえる。この浅い谷がすなわち「浅が谷」、転じて阿佐ヶ谷になったという説もあるという。

ちなみに阿佐ヶ谷が所属していたのは杉並村で、江戸期に成宗と田端の両村を領した岡部氏が青梅街道沿いに杉の並木を作って境界を定めたことにちなむとされ、

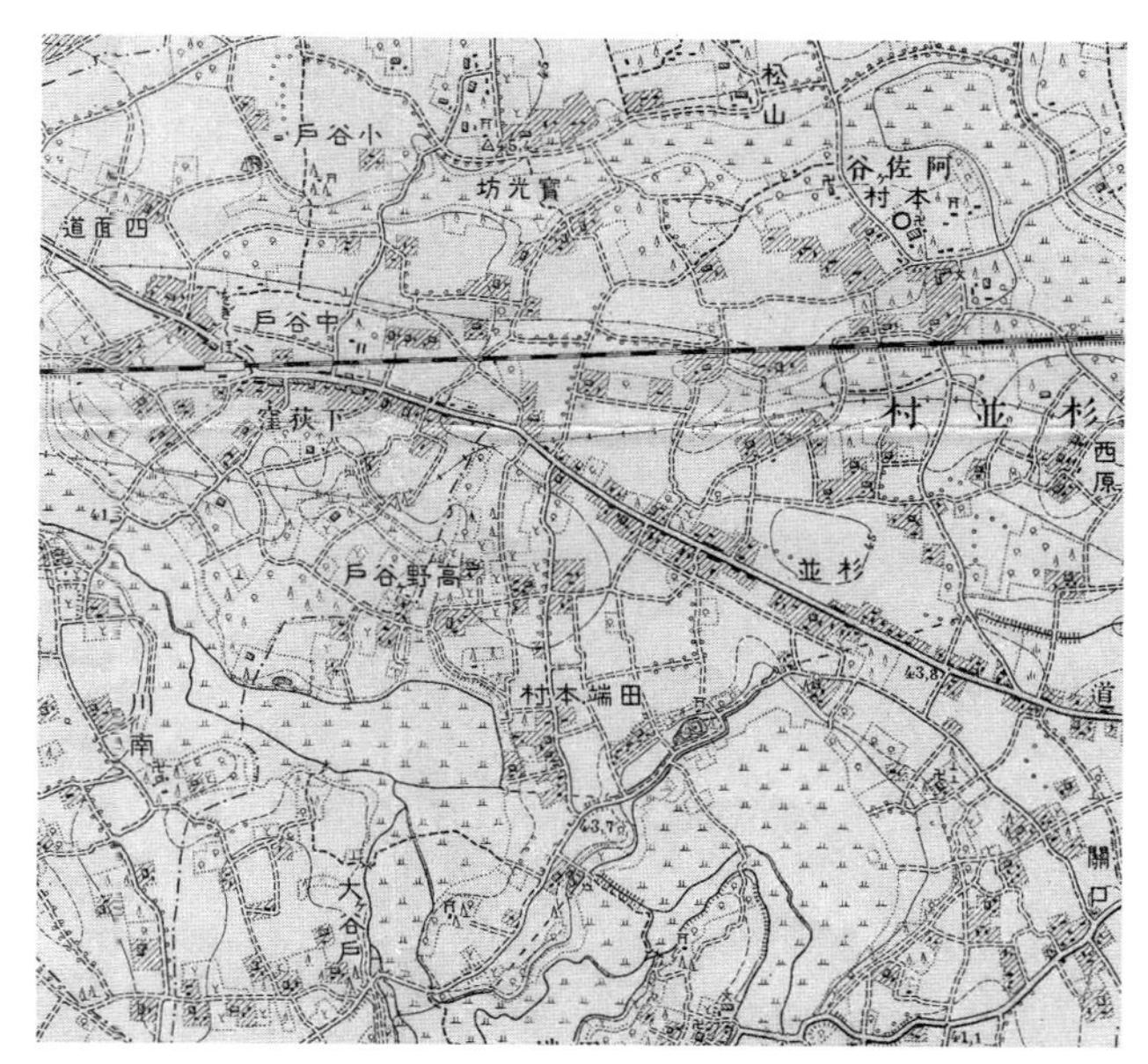

農村風景の荻窪付近。南を蛇行する善福寺川の周囲は水田、青梅街道沿いの台地には畑が広がる。北端の谷には桃園川。阿佐ヶ谷駅はまだ設置されていない。1:20,000正式地形図「中野」大正４年鉄道補入

これが昭和七年（一九三二）に東京市編入の際に区名に採用されている。村が成立した明治二二年（一八八九）から大正一一年（一九二二）までの杉並村役場は阿佐ヶ谷の世尊院に置かれ、その境内は現在の中杉通りを含む広いものであった。

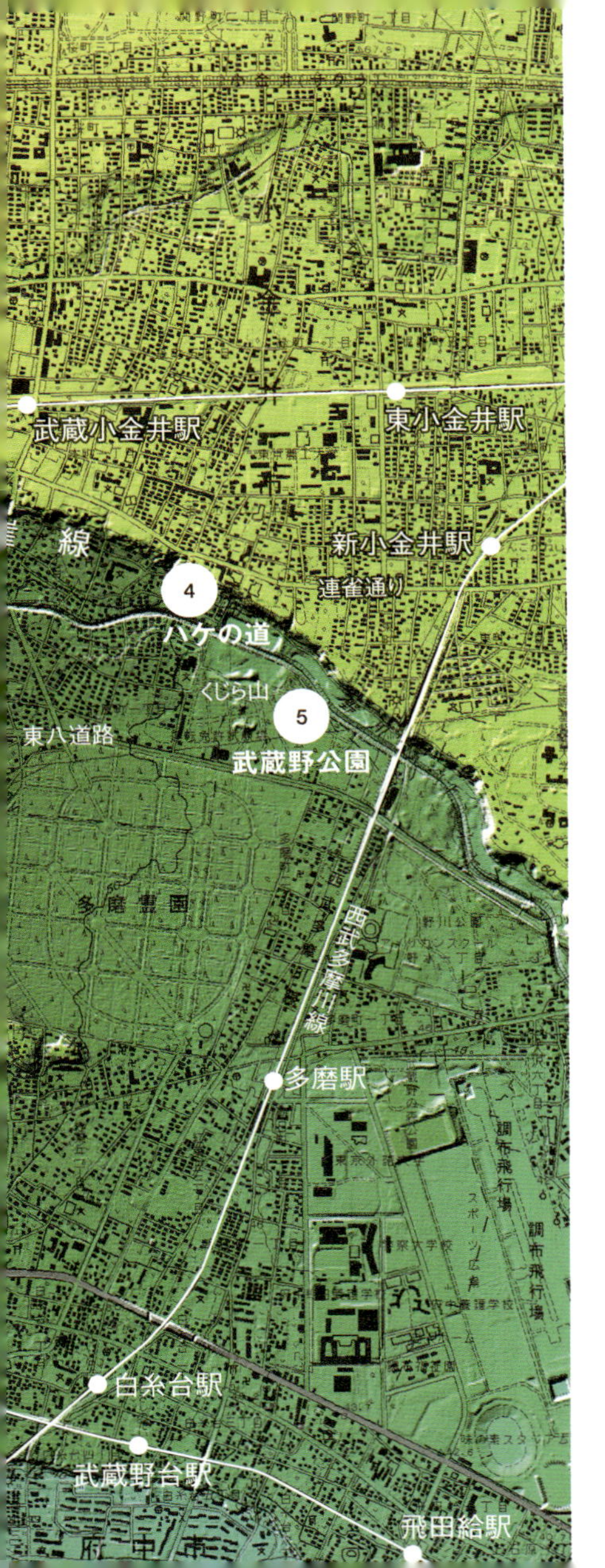

小金井・国分寺

地形 VIEW point

❶日立製作所 中央研究所
昭和17(1942)年創設。敷地内の南側には野川の源流のひとつである、湧水の池がある。敷地内と続く野川沿いは周りに比べ若干、標高が低くなっている。

❷貫井（ぬくい）神社
小金井の地名の由来にもなった、崖線の崖下に建つ神社。今も本殿の脇から水が湧いている。また、入口付近にはかつてあった湧水プール「貫井プール跡」の碑もある。

❸野川
多摩川水系の一級河川。崖線に沿うように流れている。湧き出す水を集め、国分寺から三鷹、仙川を経て多摩川へ注ぐ。全長約20キロ。水質は以前よりだいぶ改善され、カワセミが見られることもある。

❹ハケの道
国分寺崖線は、昔からこの辺では「ハケ」と呼ばれる。崖の上と下との標高差は約15メートル。また浸み込んだ水が崖から滲み出すため、東京でも湧水の多い場所だ。

❺武蔵野公園
野川に沿って広がる、草原や雑木林などがある自然豊かな都立公園。川沿いなので土地が低いが、公園の一角に立つ、小さな丘「くじら山」(標高約50メートル)は、崖線が見渡せる好スポット。

恋ヶ窪駅
玉川
武蔵野面
(武蔵野段丘)
日立製作所
中央研究所
1
JR中央線
西国分寺駅
国分寺駅
小
金
井
2
貫井神社
国
分
野川
3
金井街道
立川面
(立川段丘)
新小金井街道
北府中駅
浅間
JR武蔵野線
府中駅
国道20号(甲州街道)
東府中駅
府中競馬
正門前駅
JR南武線
分倍河原駅
府中本町駅
京王線
多磨霊園
中央自動車道
府
中
市

小金井・国分寺——「ハケの道」をたどる

武蔵野面と立川面の境にある崖

約一二万年前には海底であった下末吉面が海面の低下で地上に現われて隆起し（離水）、それを古多摩川が侵食しつつ堆積させた扇状地が武蔵野面である。その後、今から二～四万年前に多摩川が流れを南に移しながら削り込んだのが一段低い立川面だ。「ハケの道」で知られる国分寺崖線は、武蔵野面と立川面との境を成す標高差一五メートル内外の崖のラインである。

滄浪泉園。実業家であり、衆議院議員も務めた波多野承五郎の元別荘。近くで発見された「はけうえ遺跡」は、滄浪泉園の湧水池を中心として形成されていたと考えられている

段丘の崖下には湧水が多く、国分寺の東京経済大学の構内にある新次郎池（学長をつとめた

貫井神社。境内の湧水は水量が豊富で枯渇せず、それが「黄金に値する」という意味で「黄金井」と呼ばれたことから、後に「小金井」という地名の由来となった

新次郎池。昭和41年（1966）に整備、当時の学長であった北澤新次郎氏の名を冠した、東京経済大学の敷地内にある湧水による池。東京名湧水57選にも選ばれている。池を囲むように5か所から水が湧いている

北澤新次郎にちなむ）や実業家の別荘を公園化した小金井の滄浪泉園、そして貫井神社の湧水などが知られている。湧水は貴重でまた神秘的でもあり、それを祀る社を起源とする神社はここに限らず数多い。また、小金井ではかつてこれらの湧水を引いたプールも設けられていた。

一帯は市街化の進む地域ではあるが、崖線周辺は急斜面のため景観が比較的保たれており、このため「ハケの道」は散歩道として人気がある。

小金井市と府中市に広がる武蔵野公園より、国分寺崖線を望む。崖面は「ハケ」と通称され、高低差は15メートル近くになる。撮影＝的野弘路

大きな半径で緩くカーブを描く崖線は、太古の昔の多摩川が豊富な水量で削り取った様子を彷彿させるが、地形のわかる地図で概観すれば、その流れが立川面のまん中に目立つ浅間山を避けて流れたことがうかがえる。多磨霊園の西に聳える孤立したこの残丘は、地質的には多摩丘陵と同程度の古いもので、武蔵野面や立川面ができるはるか以前に古多摩川の侵食を免れ、現在も孤高を保っている。

野川は四つの路線を通る

国分寺崖線の裾に沿って流れるのは野川で、国分寺駅北西側の日立製作所中央研究所内の池や、その西側のJR西国分寺駅付近の窪地

に源流をもつ。野川は崖下の湧水を少しずつ集めながら南東へ流れ、新小金井〜多磨間で西武多摩川線、柴崎〜国領間で京王線、成城学園前〜喜多見間で小田急線をくぐり、東急田園都市線の二子玉川駅付近で多摩川に合流する。

このうち西武多摩川線は武蔵野面から立川面に降りる際に高い単線の橋梁で野川を跨ぐのが印象的だ。しかし武蔵野面からいきなり立川面へダイビングするわけにはいかないので、新小金井駅から徐々に切り通しを下り、高い橋梁で野川を渡った後は下りながら築堤上を進む。ここで東側に見える広々とした緑地が野川公園で、かつては国際基督教大学が所有するゴルフ場だった。今も芝生と木立のレイアウトにその名残がうかがえる。野川はここでも崖下

野川。多摩川水系の一級河川である野川には、崖線のあちこちから湧き出す豊富な水が注ぐ。近年、水質が改善され、魚や昆虫が多く棲む

を流れており、二〇年ほど前まではは風向きによってドブのような臭いが微かに感じられたものだが、その後は水質も大幅に改善されて今では「清流」の印象。崖側にはビオトープも作られている。

西武の新小金井駅は「新」が付いているにもかかわらず小金井市内では最古の駅で、大正六年（一九一七）の開業。その時すでに小金井駅が栃木県の東北線に存在した（現下野市）ため、新を付けて区別したものだろう。中央線の武蔵小金井駅はさらに後の大正一三年（一九二四）にお花見のための武蔵小金井仮停車場として設置され、その後同一五年に常設の駅となった。西武多摩川線は開業時は多摩鉄道と称し、多摩川の砂利を中央線の境駅（現武蔵境駅）まで運ぶことを目的に敷設されたものである。

武蔵野台地に「窪」が多い秘密

さて、野川の源流一帯の地名である恋ヶ窪は、文字にひかれた畠山重忠と夙妻太夫の悲恋伝説が知られているが、この地は武蔵国府のあった府中から上野国府を目指す古代官道「東山道武蔵路」のルートにあたるため、かつては交通の要衝であった。

　しかし無粋なことを言えばコイは崩壊地名の典型とされ、台地をえぐる形状が「コイの地形」を呈している。全国的に見ればコイはコヤとも称するようで、他には「鯉」または「小屋」「木屋」などの字が宛てられる例も。武蔵野台地の一円にはクボの付く地名が目立ち、かつては小字の地名に多く残っていたが、これは武蔵野が平坦だからだ。なぜなら平らが当たり前である土地では、わずかでも窪んでいれば、それが地形的に顕著な特徴となり、それがどのような窪地であるか、たとえば大きなクボなら大久保（大窪）、細長いクボなら長久保、木瓜の生えているクボなら木瓜久保などと名付けられる。

　小金井市内の中央線の北側には仙川の源流部が蛇行しているのが印象的だ。この谷は比較的浅く、また宅地化されているため一万分の一程度の地形図では等高線が読み取りにくい。それでもこの四〜六メートルの標高差の坂道を現地でたどってみれば、その地形が明瞭にわかる。このあたりの地形を表わした小地名は今では存在しないが、亀久保橋や小長久保橋などの名前に残る。

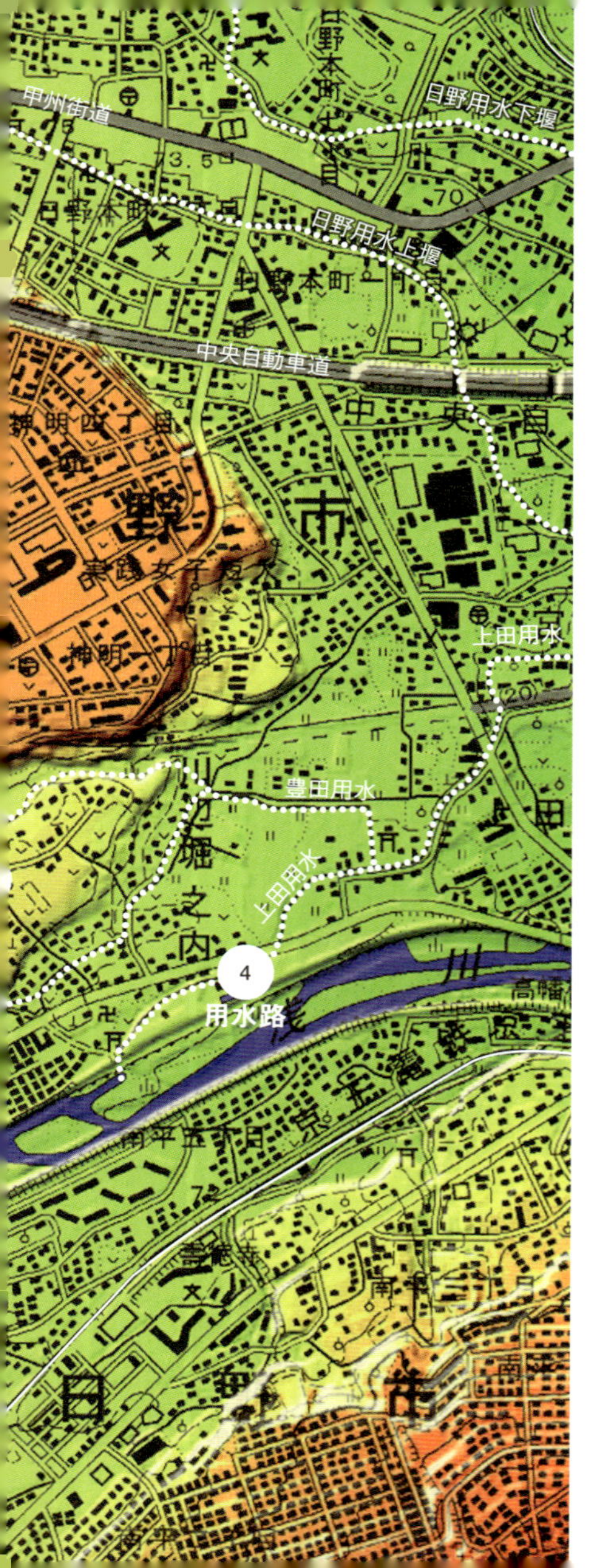

日野・豊田

地形 VIEW point

❶日野台地（上位面）
日野市西部から八王子市東部に広がる。下末吉面（河成面）の上にローム層が堆積したもので、標高100メートルほど。一帯に展開する三段にわたる河岸段丘の最上部。台地上には、日野自動車やコニカミノルタなど、工場が多く立地。

❷日野台地（下位面）
府中、立川市などに広がっている立川面（Tc2）に相当する。日野段丘より一段低い。

❸日野台地（低位面）
日野、豊田に分布する三段段丘の最下部。立川市側では青柳段丘（Tc3）に相当する。日野市東部に広がる多摩川・浅川の沖積地に覆われてほぼ同じ高さなので、図上では区別が困難。

❹用水路
多摩川から取水した日野用水、崖線（がいせん）沿いに湧く湧水を集めた黒川水路など、日野市内には至るところに用水路が見られる。豊富な水は田畑を潤し、生活用水としても使われた。

❺中央図書館下 湧水群
このほかにも崖線上には湧水が湧く地点が多く見られる。その場所に、神社などの信仰の場や遺跡が見られる例もある。湧きあがる水を集めて用水路とし、公園として保全されている例も。

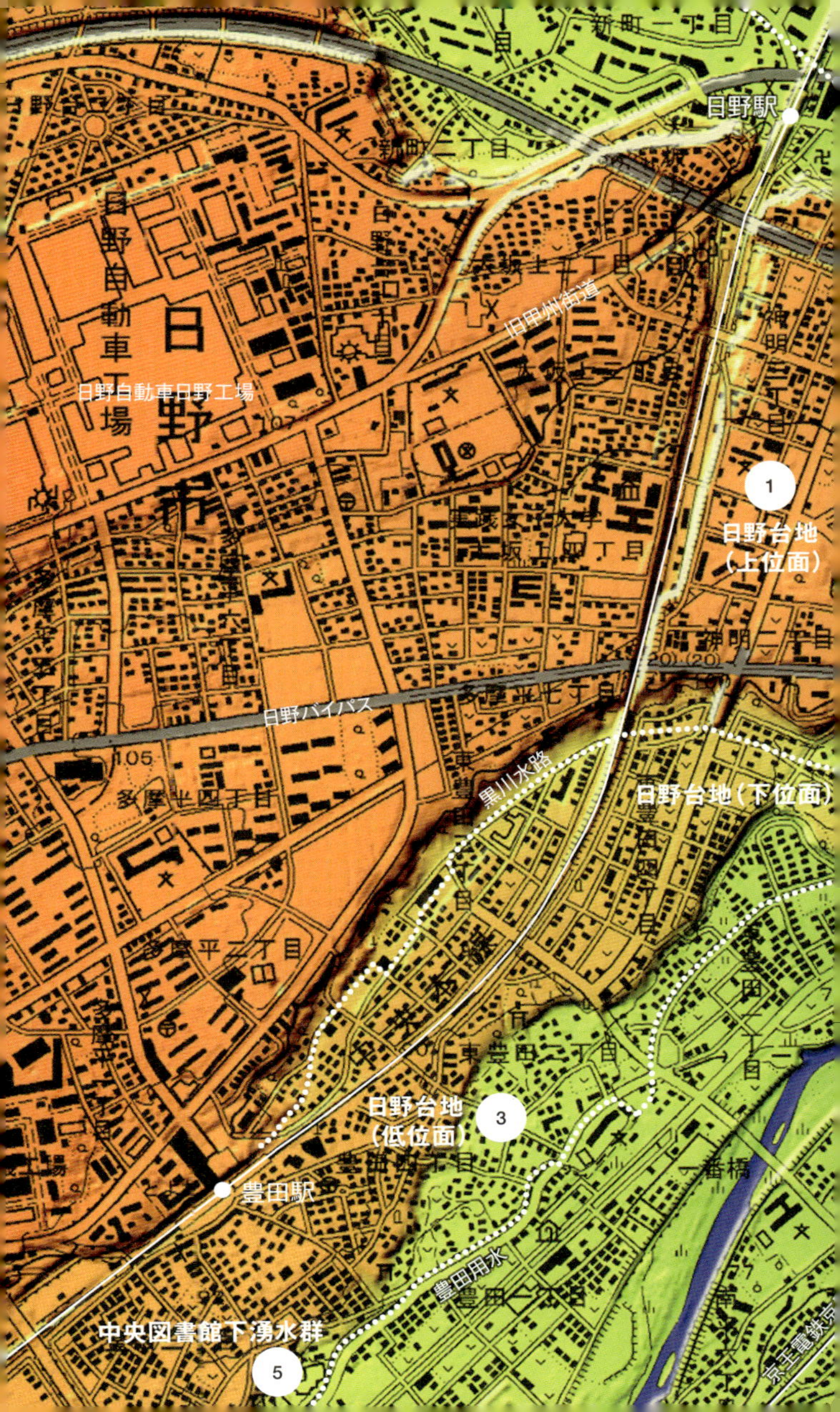
日野駅
旧甲州街道
日野自動車日野工場
1
日野台地
（上位面）
日野バイパス
黒川水路
日野台地（下位面）
日野台地
（低位面）
3
豊田駅
一番橋
豊田用水
中央図書館下湧水群
5
京王電鉄

日野・豊田——段丘を通り抜ける中央線

中央線からの奥多摩の眺め

ＪＲ中央線の電車が多摩川を渡ってからも築堤（ちくてい）が高いままで、しかも上り勾配になっているのは、その先で高い日野台地へ割って入るからである。この多摩川橋梁からの奥多摩の山々の眺めは定評があり、昭和一一年（一九三六）にダイヤモンド社が刊行した鉄道旅行案内『旅窓に学ぶ——東日本篇』で紹介された、立川から日野までの描写を抜粋する。

東中野駅から二十五粁（キロ）に及ぶ直線区間はこゝで終り、列車は西南に折れて多摩河原の堤上にある信号所を過ぎ、多摩川橋梁を渡る。現在、多摩川に架せる橋梁は省線三、会社線七。此の橋は上流より数へて三番目にあり、延長一、三七四呎（フイート）（約四一八・八メートル＝引用者注）、橋上から平野の彼方に連る諸連山を仰ぎ甚だ展望が佳い。橋を渡つて甲州街道を横ぎり日野停車場に着く。こゝは機業と農産と半ばし「汽車通じてより振はざりし立川振ひ、在来振ひたりし日野は漸く振はざらむとす……」と桂月紀行にある通り、もはや帝都の文化気分より遠く離れた感じの古き街路を駅前に展開してゐる。

要するに日野は甲州街道の宿場町として発展して南多摩郡の中では珍しく村ではなく「町」を名乗っていたのに対し、北多摩郡立川村は比べものにならないほど小さな存在であった。ところが青梅鉄道（現JR青梅線）との分岐駅となり、多摩地区では初めての旧制中学校となる府立二中（現都立立川高校）が開校、さらに大正一一年（一九二二）には陸軍の飛行場が開設されるなどして、立川は急速に発展し、明治以来いくらか停滞気味であった日野を尻目に変貌しつつある姿を表現したものだろう。大町桂月にとっては多摩川を渡った先はずいぶんと「文化果つる所」へ来たものだという印象が強かったのかもしれない。

日野台地の景観

さて、多摩川橋梁を渡った先は坂を下らず、逆に一〇パーミルの上り勾配となるので、築堤は徐々に高さを増していく。その勾配の途中にあるのが土手上で吹きさらしの日野駅である。日野駅が明治二三年（一八九〇）に開業した時は現在地より二〇〇メートルほど先の中央道の高架下あたりにあったが、『旅窓に学ぶ』が出版された翌年にあたる昭和一二年（一九三七）に複線化が行われた際、甲州街道に面した現在地へ移転している。おそらく甲州街道沿いに発達した中心市街地に近づける意図があったのだろう。この移転時に作られた木造駅舎は今も健在だが、「モダン建築」が盛んだった当時にあって、あえて武蔵野の農家風イメージの入母屋（いりもや）造りが選ばれたのは興味深い。

駅を出ると間もなく高さ一〇メートル以上に及ぶ切り通しに入る。正確に言えば、線路はもともと少し谷戸（やと）が入り込んでいたところをきっかけに進入、その先に深い切り通しで台地を通過することとした。台地の上面は標高一〇〇メートルほどの日野台地である。台地上はかつて見渡す限りの桑畑だったというが、戦前から日野自動車や小西六（現コニカミノルタ）など大小の工場が進出し、また昭和三三年（一九五八）には豊田駅北口の一帯に日本住宅公団（現UR都市機構）の最初期の大規模団地である多摩平団地が入居開始となった。合計二七九二戸という巨大なものである。

　この台地は平坦に見えるが、わずかに窪んだ谷状の地形が西へ入り込んでおり、かつては大雨が降ると水が溜まりやすい区域であった。ふつうの地形図ではほとんど気付かないが、土地条件図で見れば台地の上位面を示すオレンジ色のベタの中に「凹地・浅い谷」という薄緑色の帯が西へ向けてひょろひょろと出ており、明瞭に読み取ることができる。標高差はわずかに一～四メートルに過ぎないが、改めて現地で確かめてみれば、その浅い谷に向かう道はどれも下り坂だ。かつての小字を調べてみると、谷に沿って大久保、下大久保、上大久保が並んでおり、今の町名はすべて「多摩平」になってはいるが、大久保団地などに名残をとどめている。

電車は段丘を通り抜ける

中央線の線路に戻ろう。電車は日野駅から日野台地の切り通しに入り、これを抜ける直前で上り勾配から下り勾配に転じ、築堤を徐々に下がって一段低い段丘に出る。この平坦面は標高八七〜九〇メートル程度で、先ほど抜けてきた日野台地（上位面）より約一五メートルほども低い。こちらは立川段丘の高さにあたる段丘面（下位面）で、この段差の崖の裾に位置する豊田駅は、日野台地の上位面と下位面との間に位置するため、ちょうど上野駅の東西と同じように、北口がホームから階段でコンコース階に上がり、さらに階段を上がってロータリーに出るのに対して、南口はコンコース階から階段を下って線路とほぼ同じ高さの出口に至る。このあたりの段差は約一〇メートル。古くからの豊田の集落はもう一段低い日野台地の低位面で、こちらはさらに一〇メートル低い標高七八〜七九メートルだ。

このように日野〜豊田は典型的な河岸段丘で、三段からなるテラス状の地形が明瞭だ。各段丘の間の崖はかなりの急斜面なので、市街化が進む中でも森林は残り、空

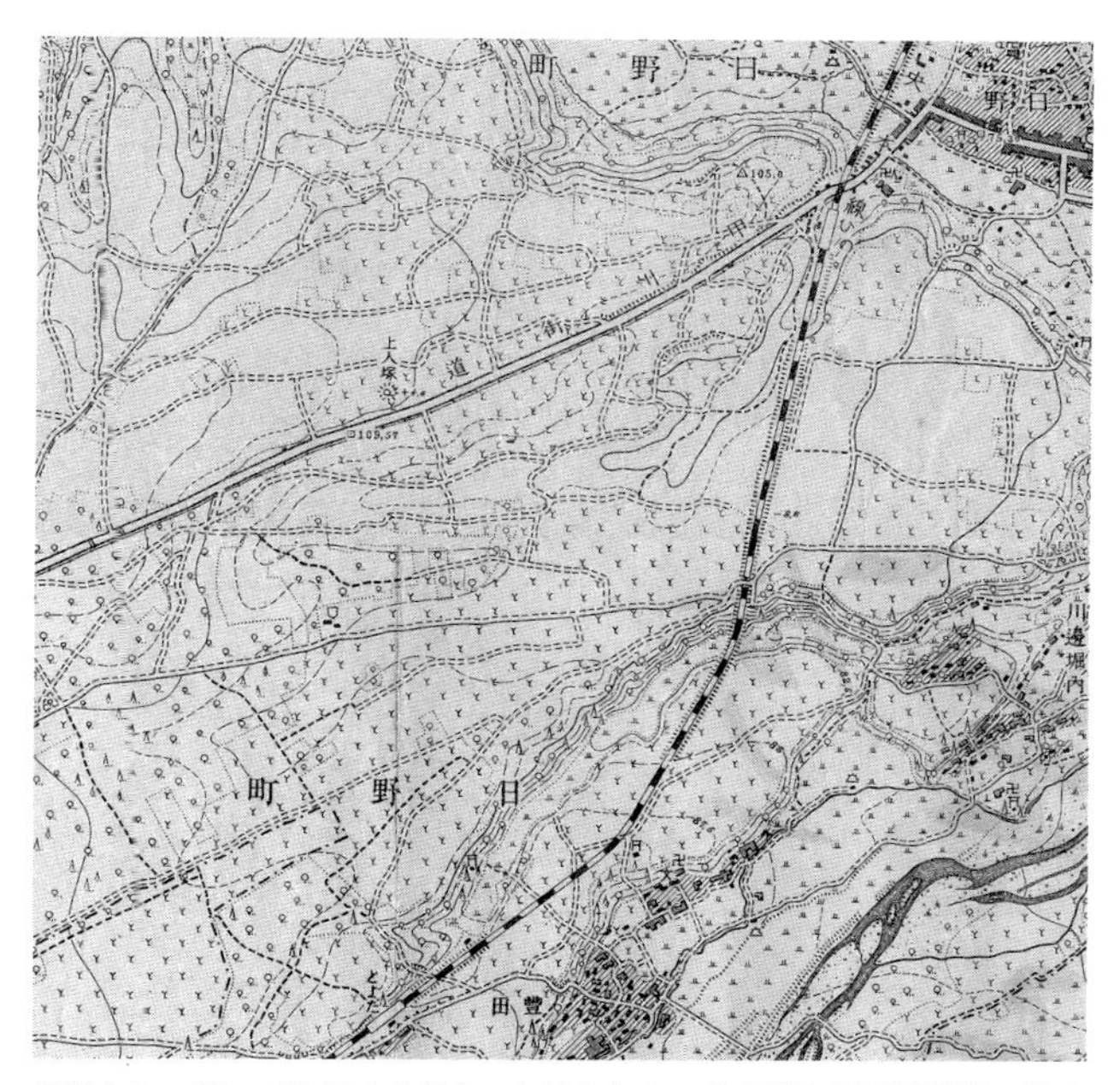

日野台地へ割って入る中央線と、台地上をまっすぐ進む旧甲州街道。等高線の緩急が段丘崖の姿を明瞭に映し出している。1:20,000正式地形図「拝島」明治39年測図＋「八王子」明治39年測図

中写真を見ればそれがはっきり帯状に見て取れる。各段丘崖の下には湧水があり、そこを起点とする農業用水には驚くほどきれいな水が今も流れている。かつては日野市内には二〇〇キロを超える水路が張り巡らされ、「多摩の米蔵」の異名をとるほどの水田地帯でもあった。

おわりに

東京の凸凹地形、最後までお読みいただきありがとうございました。楽しんでいただけましたでしょうか。本書は平凡社『太陽の地図帖』のシリーズ「東京凸凹地形案内」など凸凹シリーズ四巻（平成二四〜六年）の中で私が書いた解説文を集めたものが元となっています。新書版としてまとめる際に原稿は大幅に加筆しましたので、いずれの項目も倍以上のボリュームとなり、これに伴って地形以外の要素、たとえば鉄道や地名といった話題も多く盛り込み、地域の特性がよりわかりやすくなったと思います。

地形に注目する人が最近になって急速に増えたのは、国土地理院の五メートルメッシュの標高データが誰でも利用・加工できるようになった（私はまだ自力では何もできませんけど）ことが背景にあることは間違いありません。従来は一部の専門家にしか手を出せなかった分野にさまざまな興味・関心を持った人が参加し、独自の視点から地図を作成できるようになったのですから。いよいよ土俵そのものはプロもアマも同じになりました。

特に従来の地形図の等高線間隔より小さな起伏――微地形について、これまでよりはるかにリアルに可視化できるようになったことは、この分野への関心を一気に高めたと思います。地形学の泰斗として知られる貝塚爽平先生（都立大学名誉教授）が、詳細な標高データが扱えるこの時代にもしご存命なら、どんな画期的な発見をされただろうか、などと考えてしまいます。

昨今ではテレビ番組などでも地形を扱うものが目立って増えましたが、東日本大震災をはじめ、最近になって相次ぐ自然災害で注目が集まっているということもあるのでしょう。しかし地名と災害を単純に結びつけるなど、相変わらず不安を煽るだけの一部メディアによる無責任な記事や番組、根拠不明なネットの言説も広まっています。地面の下というのは身体の中と同じように見えないので、基本的に不安があるからでしょう。

いずれにせよ、地形や地質について関心が高まっているのは良いことだと思います。それにしては高校で地学を習う生徒が減少しているのは、地震国・日本の教育体制としては大変気になるところで、本来なら全員必修にすべきでしょう。その代わり何を削るかは難しいところですが……。

本書は狭い東京都の一部を切り取って観察したものに過ぎませんが、これをきっかけに地形の奥深さに興味を持っていただき、さらに貝塚爽平先生の『東京の自然史』（講談社学術文庫）、松田磐余（まつだいわれ）先生の『江戸・東京地形学散歩』（之潮（コレジオ））などへ進んでください。だいぶ歯応えはありますが、より一層深い東京の地形について知ることができる濃い内容です。もちろん私もこの二冊で学ばせていただきました。

申し遅れましたが、平凡社『太陽の地図帖』編集スタッフの皆様――日下部行洋さん、佐藤暁子さん、小出真由子さん、飯倉文子さん、東京のあちこちで地形凸凹歩きをご一緒したライターの鈴木伸子さんと野村麻里さん、登山家の鈴木みきさん、カメラマンの的野弘路さんと後藤武浩さん、「デジタル標高地形図」から外れたエリアの立体作図の作成を快くお引き受けいただいた石川 初（はじめ）さん、そして最後にこのシリーズの拙文を平凡社新書にまとめていただいた菅原悠さんに御礼を申し上げます。『太陽の地図帖』の取材では、これまでに行ったことのない場所を訪れて新たな発見もでき、何人かでおしゃべりしながら歩くことで各人の視点が反映される面白さも味わえた楽しいシリーズでした。ありがとうございました。

本書の基本図たる「デジタル標高地形図」を刊行し、転載を快諾いただいた一般財団法人日本地図センターにも感謝。同センターの小林政能さん（境界協会主宰）、いつも何かとありがとうございます。アナログな私にとって、この大きな紙地図がなければ東京の地形をそもそも細かく把握することはできませんでした。

さて読者の皆さま、ぜひとも本書を参考に応用編として各地のオリジナルの凸凹を体験してみてください。もちろん東京以外の場所にも、いや東京以上に興味深い凸凹的「お宝地形」が数知れずあちこちに広がっているはずです。自分の住んでいる街は何もなかったと思っていたけれど、探してみたら意外にたくさんあった、という声が各所で上がることを期待しています。

今尾恵介

p.22-23、26-27、34-35、42-43、50-51、58-59、66-67、74-75、82-83、90-91、98-99、106-107、114-115、122-123、130-131、138-139、154-155、162-163、178-179、186-187に掲載した地形図は、国土地理院の技術資料 D2-№.54　1:25,000デジタル標高地形図「東京都区部」を利用して作成したものである。

p.146-147「赤羽・西が丘」、p.194-195「小金井・国分寺」、p.202-203「日野・豊田」の地形図については、国土地理院「5mメッシュ（標高）」のデータをベースに、「カシミール3D」を用い、石川初氏が制作した。なお、このエリアについては高低差を強調しているため、他のエリアとは色分けの基準が異なる。

p.170-171「自由が丘・等々力」の土地条件図は国土地理院の技術資料 D2-№.36　土地条件調査報告書「東京地区」を利用して作成したものである。

p.33、49、63、81、87、95、103、121、127、135、143、153、167、175、183、193、209の地図については、出典を各頁に付した。この地図は、国土地理院長の承認を得て、同院発行の2万分1迅速図、2万分1正式図及び1万分1地形図を複製したものである。（承認番号　平28情複、第1436号）
※ 同地図を第三者が複製使用する場合には、必ず国土地理院長の承認を得てください。

本文写真撮影＝鈴木伸子、野村麻里、飯倉文子

【著者】
今尾恵介（いまお・けいすけ）
1959年神奈川県生まれ。地図研究家。日本地図センター客員研究員、地図情報センター評議員、日本地図学会「地図と地名」専門部会主査。雑誌編集者を経て、91年よりフリー。地図、地名、鉄道に関する著作多数。近著に『日本地図のたのしみ』（ちくま文庫）、『地図マニア　空想の旅』（集英社インターナショナル）、『鉄道唱歌と地図でたどる あの駅この街』（朝日新聞出版）、『今尾恵介の地図読み練習帳100問』（平凡社）などがある。

平凡社新書842

カラー版 東京凸凹(でこぼこ)地形散歩

発行日——2017年4月14日　初版第1刷

著者——今尾恵介
発行者——下中美都
発行所——株式会社平凡社
東京都千代田区神田神保町3-29　〒101-0051
電話　東京（03）3230-6580［編集］
　　　東京（03）3230-6573［営業］
振替　00180-0-29639
印刷・製本—図書印刷株式会社
装幀——菊地信義

ISBN978-4-582-85842-6
NDC 分類番号454.9　新書判（17.2cm）　総ページ216
平凡社ホームページ　http://www.heibonsha.co.jp/